民用飞行模拟技术与应用

陈又军　苏　彬 ○ 著

西南交通大学出版社

·成　都·

内容简介

本书简述了民用飞行模拟技术的发展与现状、飞行模拟设备分级认证、新技术发展，对飞行模拟软件、桌面飞行训练器、飞行训练器和飞行模拟机进行了讲解。本书具体叙述了飞行仿真建模、模拟驾驶舱设备、接口系统、操纵负荷系统、视景系统、音响系统、运动系统和飞行模拟设备其他相关内容的技术和实现，尤其以小鹰 500 飞行训练器研制项目为案例，分析论述飞行训练器的技术开发过程。本书从飞行模拟工程实际出发，力求理论与实用性相结合。

本书可作为民航航空工程、飞行仿真方向专业教辅用书，也可作为飞行模拟设备研究参考书籍。

图书在版编目（ＣＩＰ）数据

民用飞行模拟技术与应用 / 陈又军，苏彬著. —成都：西南交通大学出版社，2019.8
ISBN 978-7-5643-7014-5

Ⅰ. ①民… Ⅱ. ①陈… ②苏… Ⅲ. ①民用航空－飞行模拟 Ⅳ. ① V211.73

中国版本图书馆 CIP 数据核字（2019）第 172794 号

Minyong Feixing Moni Jishu yu Yingyong

民用飞行模拟技术与应用

陈又军　苏　彬 著

责 任 编 辑	刘　昕
封 面 设 计	何东琳设计工作室
	西南交通大学出版社
出 版 发 行	（四川省成都市二环路北一段 111 号
	西南交通大学创新大厦 21 楼）
发行部电话	028-87600564　028-87600533
邮 政 编 码	610031
网　　　址	http://www.xnjdcbs.com
印　　　刷	四川煤田地质制图印刷厂
成 品 尺 寸	170 mm×230 mm
印　　　张	12.75
字　　　数	230 千
版　　　次	2019 年 8 月第 1 版
印　　　次	2019 年 8 月第 1 次
书　　　号	ISBN 978-7-5643-7014-5
定　　　价	88.00 元

前　言

飞行模拟并非是一个新鲜事物，从飞行训练实践需求出发，20 世纪初人们开始尝试地面飞行模拟训练，20 世纪 60 年代飞行模拟机就已经出现，今天技术虽然突飞猛进，飞行模拟设备的子系统参数都有了很大提高，但主要系统的框架和外观仍沿用当时的设计理念。最早的飞行模拟游戏出现在 1977 年，飞行爱好者的喜爱，推动它们的质量提升，也推动了航空知识的普及和大众对航空的关注。随着软件技术不断提升，飞行模拟越来越逼真，它们开始进入航空院校、飞行俱乐部，并用于课堂理论教学。

我国第一台自主研发的 Y7-100 飞行模拟机于 1993 年投入使用，2005 年原中国民用航空总局颁布了 CCAR-60 部——飞行模拟训练设备管理和运行规则，对飞行模拟设备的技术标准、主观和客观测试和使用制定规范，进行鉴定评估后对达到相应等级要求的飞行模拟训练设备颁发型号合格证。从此飞行模拟设备有了自己的技术标准和质量监控规范。目前我国民航领域飞行模拟软件、桌面飞行练习器、飞行训练器、飞行模拟机均有相应的研究和产品，但市场占有率低。面向 2035 民航强国规划，飞行模拟的提升应从飞行模拟软件到飞行模拟机的全方位的提升，制定自身标准，增加仿真机型，提高技术成熟度和市场占有率。

本书回顾了飞行模拟的历史，对飞行模拟设备分级认证、技术发展趋势进行探讨，为我国飞行模拟的发展提出了自己的建议。飞行仿真建模和解算从数学建模对飞行仿真的核心算法进行讲解；仿真仪表章节对仪表的种类和图形化仪表的研发技术要点进行讲述；操纵负荷系统介绍了 Matlab 和 Simulink 仿真软件，讲述建模方法、步骤和仿真实验；视景系统讲述机场视景数据库建模方法、构建一个基础视景图像生成软件程序，讲述多种视景图像输出系统；音响系统和运动系统对系统的构成和技术进行讲解；最后以小鹰 500 为案例，从各个子系统讲解一个完整飞行训练器研制方案、过程、技术要点。

本书由中国民用航空飞行学院飞行仿真中心科研团队组织编写，陈又军和苏彬共同主笔，其中陈又军执笔第 1、3、6、10 章，苏彬执笔第 2、10 章。李会茹编写第 3 章，肖志坚编写第 4 章，黄欢编写第 5、7 章，陈建东编写第 7 章，胡军编写第 8 章，张戟编写第 9 章。

由于作者水平有限，书中难免会有错误和疏漏，敬请读者提出宝贵意见，不足之处请不惜赐教。

陈又军　苏　彬

2019 年 3 月

目　录

1　绪　论⋯⋯⋯⋯⋯⋯⋯⋯⋯⋯⋯⋯⋯⋯⋯⋯⋯⋯⋯⋯⋯⋯ 1
  1.1　引　言⋯⋯⋯⋯⋯⋯⋯⋯⋯⋯⋯⋯⋯⋯⋯⋯⋯⋯⋯⋯⋯ 1
  1.2　民用飞行模拟层次分类⋯⋯⋯⋯⋯⋯⋯⋯⋯⋯⋯⋯⋯ 2
  1.3　飞行模拟设备等级认证⋯⋯⋯⋯⋯⋯⋯⋯⋯⋯⋯⋯ 11
  1.4　民用飞行模拟技术发展趋势⋯⋯⋯⋯⋯⋯⋯⋯⋯⋯ 12
  1.5　国内民用飞行模拟设备研发现状与展望⋯⋯⋯⋯⋯ 16

2　飞行仿真建模与解算⋯⋯⋯⋯⋯⋯⋯⋯⋯⋯⋯⋯⋯⋯⋯ 20
  2.1　引　言⋯⋯⋯⋯⋯⋯⋯⋯⋯⋯⋯⋯⋯⋯⋯⋯⋯⋯⋯ 20
  2.2　建模总体设计⋯⋯⋯⋯⋯⋯⋯⋯⋯⋯⋯⋯⋯⋯⋯⋯ 20
  2.3　动力学方程⋯⋯⋯⋯⋯⋯⋯⋯⋯⋯⋯⋯⋯⋯⋯⋯⋯ 23
  2.4　发动机建模设计⋯⋯⋯⋯⋯⋯⋯⋯⋯⋯⋯⋯⋯⋯⋯ 27
  2.5　起落架建模设计⋯⋯⋯⋯⋯⋯⋯⋯⋯⋯⋯⋯⋯⋯⋯ 31
  2.6　大气环境建模设计⋯⋯⋯⋯⋯⋯⋯⋯⋯⋯⋯⋯⋯⋯ 32

3　模拟仿真驾驶舱⋯⋯⋯⋯⋯⋯⋯⋯⋯⋯⋯⋯⋯⋯⋯⋯⋯ 40
  3.1　引　言⋯⋯⋯⋯⋯⋯⋯⋯⋯⋯⋯⋯⋯⋯⋯⋯⋯⋯⋯ 40
  3.2　模拟仿真驾驶舱舱体⋯⋯⋯⋯⋯⋯⋯⋯⋯⋯⋯⋯⋯ 41
  3.3　仿真航空仪表⋯⋯⋯⋯⋯⋯⋯⋯⋯⋯⋯⋯⋯⋯⋯⋯ 43

4　接口系统⋯⋯⋯⋯⋯⋯⋯⋯⋯⋯⋯⋯⋯⋯⋯⋯⋯⋯⋯⋯ 61
  4.1　引　言⋯⋯⋯⋯⋯⋯⋯⋯⋯⋯⋯⋯⋯⋯⋯⋯⋯⋯⋯ 61
  4.2　常见的飞行模拟设备接口系统⋯⋯⋯⋯⋯⋯⋯⋯⋯ 61

5　操纵负荷系统⋯⋯⋯⋯⋯⋯⋯⋯⋯⋯⋯⋯⋯⋯⋯⋯⋯⋯ 70
  5.1　引　言⋯⋯⋯⋯⋯⋯⋯⋯⋯⋯⋯⋯⋯⋯⋯⋯⋯⋯⋯ 70
  5.2　仿真软件介绍⋯⋯⋯⋯⋯⋯⋯⋯⋯⋯⋯⋯⋯⋯⋯⋯ 70
  5.3　操纵系统原理⋯⋯⋯⋯⋯⋯⋯⋯⋯⋯⋯⋯⋯⋯⋯⋯ 72
  5.4　操纵负荷系统仿真设计⋯⋯⋯⋯⋯⋯⋯⋯⋯⋯⋯⋯ 74

6　视景系统⋯⋯⋯⋯⋯⋯⋯⋯⋯⋯⋯⋯⋯⋯⋯⋯⋯⋯⋯⋯ 83
  6.1　引　言⋯⋯⋯⋯⋯⋯⋯⋯⋯⋯⋯⋯⋯⋯⋯⋯⋯⋯⋯ 83

6.2 机场视景数据库建模 ……………………………… 84

6.3 视景实时图形引擎 ………………………………… 91

6.4 基础视景程序设计与实现 ………………………… 94

6.5 视景显示技术 ……………………………………… 99

7 音响系统 ……………………………………………… 103

7.1 引 言 ……………………………………………… 103

7.2 飞机真实声源分析 ………………………………… 103

7.3 音响系统原理 ……………………………………… 104

7.4 音响系统设计 ……………………………………… 106

8 运动系统 ……………………………………………… 111

8.1 引 言 ……………………………………………… 111

8.2 六自由度运动平台 ………………………………… 111

8.3 液压运动系统 ……………………………………… 112

8.4 电动运动系统 ……………………………………… 117

8.5 运动系统品质测试 ………………………………… 121

9 飞行模拟机的其他相关内容 ………………………… 125

9.1 教员控制台系统 …………………………………… 125

9.2 基建与环境 ………………………………………… 129

9.3 模拟机动力电源 …………………………………… 131

9.4 模拟机辅助系统 …………………………………… 132

10 小鹰 500 飞行训练器研发案例 …………………… 138

10.1 引 言 …………………………………………… 138

10.2 总体设计 ………………………………………… 138

10.3 模拟驾驶舱 ……………………………………… 140

10.4 接口系统 ………………………………………… 152

10.5 操纵负荷系统设计 ……………………………… 166

10.6 飞行动力学仿真 ………………………………… 171

10.7 视景系统设计 …………………………………… 171

10.8 音响系统设计 …………………………………… 183

10.9 教员控制台设计 ………………………………… 188

10.10 品质评估 ………………………………………… 192

1 绪 论

1.1 引 言

飞行模拟能真实地再现航空器的驾驶，主要用于飞行训练、飞行器设计或其他目的人为地再现飞机飞行及其飞行环境。它包括飞机飞行动力学模块、发动机模块、通信导航模块、其他飞机系统模块和模拟驾驶舱（虚拟或硬件）等，能响应人对飞机的操纵，并对外界环境因素（如空气密度、湍流、风切变、云、降水等）对飞机的影响进行模拟。飞行模拟主要用于飞行训练、飞行器的设计和开发，以及对飞机特性和操纵品质的研究。飞行模拟包含飞行模拟软件、桌面飞行训练器（Basic Aviation Training Device，BATD）、飞行训练器（Flight Training Device，FTD）和飞行模拟机（Full Flight Simulator，FFS），如图 1-1 所示，即纯软件、配置简单硬件、配置仿真驾驶舱，直到最高级配备六自由度运动系统和虚像显示视景的飞行模拟机。

图 1-1 飞行模拟系统

飞行模拟系统已广泛地运用于航空工业设计和研发，以及飞行员与机组成员培训。飞行模拟游戏在飞行爱好者和飞行理论学习中被大量使用。桌面飞行训练器用于飞行学校课堂教学，飞行训练器常用于小型飞机机型改装训练，飞行模拟机用于飞行学员的机型改装和机组的复训。工程飞行模拟机用于航空器制造商研制和试验飞行器的硬件。使用了模拟与激励技术，后者对真正的人工硬件输入或真实的信号（激励）实施响应。在飞行模拟机中研制和试验飞行器的软件或使用模拟技术比在实际飞行中用飞机做测试要来得安全。研制和试验飞行器的系统，在飞机与其系统的开发阶段，称为"铁鸟"。其采用与真实飞机 1∶1 设计，保证了试验的真实性，为飞机系统集成、试飞安全、试飞故障排查、后续型号改进等提供重要保障。

1.2　民用飞行模拟层次分类

飞行模拟可以分成四个层次：飞行模拟软件、桌面飞行训练器（BATD）、飞行训练器（FTD）和飞行模拟机（FFS）。

1. 飞行模拟软件

较具影响力的飞行模拟软件有美国的微软模拟飞行系列软件、洛克希德马丁公司 Prepar3D、Laminar Research 公司开发的 X-PLANE 模拟飞行软件与开源模拟飞行软件 FlightGear。国内中国民用航空飞行学院 2006 年独立研发完成的 TB20 和西门诺尔飞机模拟飞行软件，具备两种机型飞行模拟能力，软件部分性能与微软模拟飞行 98 和 2004 接近，可用于构建桌面飞行训练器系统（见图 1-2）。随着计算机软硬件技术的发展和飞行仿真建模技术的发展，飞行模拟软件不仅作为游戏供大众娱乐，也用于课堂教学。中国民用航空飞行学院使用微软模拟飞行 FSX（Flight Simulator X）和洛克希德马丁公司 Prepar3D 软件进行飞行理论基础教学。

1）微软模拟飞行软件

微软模拟飞行是一个能在 Windows 操作系统下运行的飞行模拟软件，如图 1-3 所示。作为一个能在家中运行的飞行模拟器，它满足飞行爱好者、飞行员的需求。微软模拟飞行是微软公司的早期产品之一，有别于其他商业利益驱使的微软产品，微软模拟飞行是该公司历史最悠久的项目，比 Windows 操作系统历史还要早 3 年。

图 1-2　中国民用航空飞行学院模拟飞行实验室

图 1-3　微软模拟飞行软件

1976 年程序员 Bruce Artwick 在一篇关于三维计算机图形程序的文章中提出了他的设想，并在 1977 年成立了一家名为 subLOGIC 的公司。公司最初为包括 Intel 8080、Altair 8800 和 IMSAI 8080 在内的若干计算机平台销售飞行模拟器。1979 年在 Apple Ⅱ 平台上发布了模拟飞行 1，1982 年他们将一个支持彩色图形适配器的 IBM PC 版本授权给微软，该版本被称为微软模拟飞行。1988 年微软模拟飞行 3.1 版本达到了商业上的成熟，且继续包含了 3D 建模和图形硬件加速技术。进入 21 世纪后，微软陆续发行新的版本，2004 年的模拟飞行 9.0 版本拥有更多的机型和地景，开始在飞行爱好者中风靡。为庆祝人类实现动力飞行 100 周年，2006 年发布的模拟飞行 10.0 版本或 FSX 涵盖全球超过 24 000 个机场，包括主要地标和热门城市的丰富的地景。通过 SDK 可以进行二次开发，其开放性使得爱好者、软件公司陆续开发地景插件、飞机插件等，通过插件扩展飞行仿真度，其受欢迎程度得到很大提升。微软模拟飞行也包含复杂的天气模拟，以及下载真实世界天气数据的功能。新版本的附加功能还包括具有交互式空中交通控制功能的空中交通环境、包括有着多年历史的道格拉斯 DC-3 和现代化的波音 777 在内的飞机模型、交互式课程、挑战和飞机检查单[1]。模拟飞行软件有地图和位置设置页面、气象设置页面、配重和燃油设置页面、故障设置页面等（见图 1-4），能满足初级飞行训练的需求，被航空院校用于飞行理论教学，FSX 成为业界模拟飞行软件的标杆。

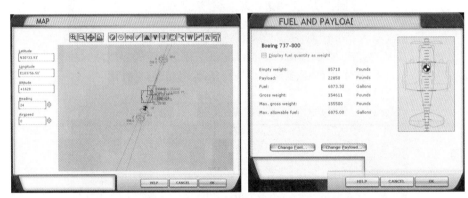

图 1-4　地图页面和配重、燃油设置页面

2）洛克希德马丁公司 Prepar3D 模拟飞行软件

2009 年，洛克希德马丁公司从微软公司购买 Microsoft ESP（微软模拟飞行 FSX SP2 的企业模拟平台）产品，包括源代码在内的知识产权。2010 年基于 ESP 源代码开发的新产品被称为 Lockheed Martin Prepar3D[2]。

Prepar3D 软件最新 4.3 版本支持 64 位 Windows 操作系统，能多线程运行。Prepar3D（见图 1-5）通过逼真的环境让用户进行沉浸式培训。软件包括教学版本、专业版本和军用版本，适用于商业、学术、专业或军事教学。软件具有以下特点：可用于快速创建虚拟世界中任何地方的学习场景，包括水下到太空轨道空间；改进虚拟现实（VR）性能的新渲染技术；提高了碰撞检测效率，减少响应时间；支持分布式交互模拟（DIS）网络会话并与其他模拟器集成，可以多地分布式运行，在相同环境中学习和测试；可以重新创建场景，进行不同的实验；在浸入式环境中学习科学、技术、工程和数学原理；模拟航空情景、空中交通管制、地面车辆操作和灾难响应，可用于广泛的学习场景，包括飞行程序培训、驾驶舱熟悉、飞行计划、空中交通管制员培训和应急准备；支持场景中编程人工智能（AI）行为；利用多通道功能在多个系统上同时运行，来提高多屏幕和环幕、球幕显示性能或用作单独视景软件等功能。

图 1-5 Prepar3D 软件启动画面

3）X-Plane 软件

X-Plane 是一款由 Laminar Research 公司开发的个人专业飞行模拟器，其历史最早可追溯到 1989 年。最新版本 11.0（见图 1-6），开始支持 VR 设备，可以用于虚实结合的飞行训练。该软件有 Android、iOS、webOS、Linux、Mac 和 Windows 等众多操作系统发行版[3]。X-Plane 和其他软件打包成为完整且模拟逼真的飞行模拟平台。软件开放式的构架，利于使用插件扩展功能，吸引消费者，仅 www.x-plane.org 网站上就有相关插件等资源文件超过 3 万个（见图 1-7）。X-Plane 也成为唯一能与微软模拟飞行 FSX 和洛克希德马丁公司 Prepar3D 匹敌的模拟飞行软件。其商业版本支持美国联邦航空管理局（Federal Aviation Administration，FAA）的 BATD 认证，可记录飞行训练时间[4]。

图 1-6 X-Plane 11.0 软件

图 1-7　X-Plane 插件网站

4）FlightGear 软件

FlightGear 是一个始于 1997 年的多平台飞行模拟器、开源软件项目。它自 1997 年第一次发布以来不断发展，目前最新版本为 FlightGear 2018.3.2。该项目适用于 Linux、Microsoft Windows 和 Mac OS X 操作系统，如图 1-8 所示。计算机显卡需支持 OpenGL。该软件采用 GNU 通用公共许可证是自由软件，开放源代码，鼓励爱好者参与研发。

早期 FlightGear 开发者使用 LaRCsim 模型（来自 NASA）和其他自由使用的数据，来构建核心飞行模拟代码。

版本 0.9.0～1.0.0（2003—2007）支持 3D 驾驶舱仪表盘图像效果虽有长足进步，但低于同期的 X-Plane。视景中地形采用免费分发的 SRTM 高层数据，具备斜坡跑道等，支持超过 20 000 个机场跑道、3D 云彩，支持多操作系统、多种开放飞行数据模型（Flight Data Model，FDM），如 JSBSim 总共可模拟大约 100 种飞行器。

版本 2.4.0（2011）具备全新的天气模式，能真实表现不同天气现象，如雾层、降水、降雪等；改进视觉体验，增强图形表现，能渲染出栩栩如生的高山地形、3D 城市地景、飞机壳体的金属质感光泽表面、水波以及阳光反射；实验性地引入 HLA 接口层，允许用户创建一个模拟器集群，甚至可以与商业飞行模拟器协同工作；改进众多飞机模型，包括空客 320 家族、米格 15、波音 757 等。

版本 2.6.0，在飞机操作、AI、环境、空气动力学、接口、场景、视觉效果等方面做出进一步改进，支持 64 位 Windows 操作系统[5]。

因为 FlightGear 开放源代码和文档，所以被多所大学、研究所用于科学研究[6]。田纳西大学用于飞行模拟器的研制；ARINC 使用 FlightGear 作为测试和评估飞行管理计算机航空电子设备和相应地面系统的一部分；伊利诺伊大学厄巴纳香槟分校使用 FlightGear 作为空中防止结冰仿真研究平台；爱荷华州立大学一个高级项目旨在使用基于 FlightGear 的软件改造一些旧的模拟机；明尼苏达大学的人因研究实验室使用 FlightGear 改造了单发、单座模拟机；加拿大不列颠哥伦比亚省西蒙菲沙大学使用 FlightGear 用于模拟开发自主飞行器所需的控制算法；印度班加罗尔航空发展局使用 FlightGear 作为飞行模拟设施的图像生成器，用于对战斗机航母起降评估研究。国内多家单位使用 FlightGear 进行飞行仿真相关研究，民航二所使用 FlightGear 构建了机场场面监视模拟视景系统。

图 1-8　FlightGear 软件

2. 桌面飞行训练器

1997 年，美国联邦航空局发布了《基于个人计算机的航空培训设备的咨询通告》AC 61-126，讨论了基于 PC 的飞行模拟训练。PC-ATD 设备包括模拟飞行软件、飞行操纵硬件（飞行操纵杆、舵等）、显示器等。FAA 将 PC-ATD 的使用限制在初级和仪表飞行训练期间的一些基本任务中。

随着技术进步和航空界对 PC-ATD 的经验积累，FAA 发布的 AC 61-136 更新了定义并扩展了基于 PC 的飞行模拟设备，批准航空培训设备及其用于培训和体验原有的 PC-ATD 标准不再执行，新批准使用 BATD 和 AATD（Advanced Aviation Training Device）于航空培训。其核心要求比飞行模拟机和飞行训练器更具通用性[7]。例如，根据 AC 61-136B，BATD "提供至少能完成综合地面训练和飞行仪表培训课程相关能力的培训平台"，产品如图 1-9 所示。

图 1-9　Precision Flight Controls 公司的 BATD 产品

　　BATD 和 ATTD 的硬件规格类似。

　　（1）具备人工飞行操纵和飞机系统控制的硬件，而非使用键盘和鼠标。

　　（2）教员可以通过软件虚拟控件设置飞机配置、位置和天气，以及编制飞行课程、暂停飞行或冻结飞行。

　　（3）控制装置、仪表和开关的物理布置，以及外观和操作应至少按照切实可行的方式对飞机系列中的一架飞机进行仿真。制造商应尽最大努力重建实际放置的物理开关和代表通用飞机仪表板的其他所需控制的外观、布置、操作和功能。

　　桌面飞行训练器 BATD 与飞行模拟机 FFS 之间差异明显，不仅仅是技术，也在于它们不同的用途。简单地说飞行模拟机是特定飞机的替代品，并且在许多情况下，使用飞行模拟机的飞行员可以接受操作模拟飞机所需的所有训练并且在不离开地面的情况下获得该飞机的类型等级，为了达到实现该目标所需的仿真水平，飞行模拟机复制仿真飞机的驾驶舱。它还必须具有宽视角、高分辨率显示屏；"飞行"特征在真正的飞行范围内与真实飞机的特征非常相似；精致的音响系统和运动系统准确地重新创造飞行的感觉。

飞行训练器中的 4 级、5 级和 6 级用于低仿真度或代表一个类型飞机的飞行模拟设备。因此，它们低于飞行模拟机的要求，它们也不能用于完成飞行员必须接受的所有训练。

BATD 或 AATD 并非旨在替代特定的飞机，甚至是一系列相关的飞机，它不是模拟器，而是用于在整个培训计划中补充飞机和地面教室的航空培训设备，通常在飞行训练和地面训练期间传授航空知识和飞行程序任务。其目的不是帮助飞行员发展和磨炼飞行技能，而是帮助飞行员理解和应用重要概念，并实践和掌握适用于各种飞机的一般程序。

西门诺尔/TB20 飞机桌面练习器研制项目由原中国民航总局立项，中国民用航空飞行学院课题组负责承担研制（见图 1-10），项目于 2006 年通过科技鉴定。目的是研制一套满足 AC 61-126 要求，功能完整、半物理式的西门诺尔飞机实时飞行训练桌面练习器，包括完整的虚拟座舱仪表、飞行动态模拟、三维视景系统、通信导航系统、音效模块、教员对训练的管理等，技术涵盖了计算机图形学、实时工业控制、网络通信、多媒体技术和飞行运动数学模型等方面。限于当时技术条件，硬件仍采用 PFC 公司飞行模拟硬件，经过飞行教学测试该模拟训练系统已经满足飞行程序模拟训练需求。

图 1-10 中国民用航空飞行学院研制的桌面飞行训练器

3. 飞行训练器和飞行模拟机

飞行模拟可以追溯到 1910 年，一个模拟驾驶舱安装在有两个半圆滑轨的基座上（见图 1-11），飞行员通过操纵杆控制其各种飞行姿态。这种飞行模拟器只能熟悉飞行操作，没有对飞行性能的模拟。

图 1-11 第一台飞行模拟机

第一次世界大战中，为了培养飞行员练习空间定位，Ruggles Orientator 开发出电动控制模拟驾驶舱，由飞行教员转动控制轴上的"驾驶舱"，飞行员需要通过操纵试图保持驾驶舱水平。很快模拟驾驶舱就配置了越来越复杂的仪器，这些仪器可以通过气动或机械方式进行控制。绘图仪可以记录学生的飞行路径：在地图上绘制飞行路径，飞行学员可以练习无线电信标导航飞行。

第二次世界大战期间，航空技术大幅发展。飞行任务越来越复杂，驾驶舱人员之间的配合变得尤为重要。飞行模拟机开始针对特定飞机类型的飞行性能和驾驶舱布局，用于训练飞行员、轰炸机机组团队飞行[8]。

第二次世界大战结束后，民用航空引入了由泛美航空公司制造的第一架客机飞行模拟器（见图 1-12）。该机没有运动系统，没有视景系统，但驾驶舱各个细节被完全模拟。模拟计算机和程序的使用，使机组人员能够执行所有飞行动作，完成常规培训程序和紧急程序[2]。这种训练非常有效，即使今天按照中国民航法规 CCAR-60 部《飞行模拟设备的鉴定和使用规则》，飞行训练器 5 级最低设备要求中，依然可以不配备视景系统。当然，从市场需求角度，只满足最低标准的飞行模拟设备销路堪忧。

图 1-12 Linker 飞行训练器

在 20 世纪 60 年代，随着商用宽体飞机的发展，飞行模拟机（见图 1-13）开始配置三自由度的运动系统，不久六自由度运动系统出现了，并成为现代模拟机的标配。即使今天运动系统已完成从液压运动系统向电动运动系统的变迁，但仍然使用六自由度运动系统。

1993 年北京蓝天航空科技有限责任公司研制的中国第一台飞行模拟机（Y7-100 FFS）在中国民用航空飞行学院投入使用，如图 1-14 所示。它采用配置了 5 块 CPU 板的摩托罗拉 Delta DP-3600 小型机，美国 IVEX 公司的视景系统与主机直接采用 BIT3 内存映射卡通信，1：1 仿真驾驶舱、自主研发的液压操纵系统和六自由度运动系统采用 Fortran 语言研发的自主飞行仿真软件。中国民航第一部模拟机法规——CCAR-60 部《飞行模拟设备的鉴定和使用规则》于 2005 年才颁布，Y7-100 飞行模拟机却于 2003 年退出训练，直到报废也未取证。作为第一台自主研发的飞行模拟机，其稳定性相对较差，但培养了一批飞行学员，并为研制中国首台获得中国民航 CCAR-60 认证的 C 级 MA60 飞行模拟机打下了坚实的基础。

图 1-13 民用飞行模拟机

图 1-14 国产 Y7-100 飞行模拟机

1.3 飞行模拟设备等级认证

CCAR-60 部《飞行模拟设备的鉴定和使用规则》颁布的目的是提出飞行模拟设备的鉴定性能标准，对飞行模拟设备进行持续监督，规范飞行模拟设备运营人的运行，满足中国民用航空规章规定的训练、检查和飞行经历要求。该法规与美国联邦航空局"120-40B——Airplane Simulator Qualification"接轨。其附录有附录 A——飞机飞行模拟机鉴定性能标准；附录 B——飞机飞行训练器鉴定性能标准；附录 C——直升机飞行模拟机鉴定性能标准；附录 D——直升机飞行训练器鉴定性能标准。法规对飞行模拟设备的一般要求、主观和客观飞行测试标准进行了规范。

CCAR-60 部《飞行模拟设备的鉴定和使用规则》将飞行模拟设备分为飞机飞行模拟机和飞机飞行训练器。其中飞机飞行模拟机分为 A、B、C、D 四个等级。飞机飞行训练器分为 1、2、3、4、5、6 六个等级。飞机飞行模拟机等级中 C 级和 D 级授权较为常见，飞机飞行训练器中 4 级和 5 级比较常见。

为了更好地适应飞行模拟训练设备制造技术的快速进步和应用需求的不断提高，2019 年，民航局飞行标准司对《飞行模拟训练设备鉴定性能标准》规章的附录进行修订，转化为 4 份咨询通告，并发布了征求意见稿。它们分别为《飞机飞行模拟机鉴定性能标准》《飞机飞行训练器鉴定性能标准》《直升机飞行模拟机鉴定性能标准》《直升机飞行训练器鉴定性能标准》，并发布了《飞行模拟训练设备鉴定管理程序》征求意见稿，预计在 2019 年年底前发布实施。

本次修订对飞行训练器主要增加了使用触摸屏人机交互式虚拟驾驶舱飞行模拟设备（虚拟程序训练器 VPT）的认可，但该类设备如需获取 5 级认证，须对人操纵部件硬件化。

本次修订对飞行模拟机来说，有以下更新：因电子、计算机、投影机的提升，传输延迟测试从 150 ms 提高到 100 ms；为应对 4K 高清投影机的普及，对视景显示的分辨率进行提升；为增强仿真效果，机械式备用仪表要求能体现机长和副驾驶观察的视角差，从而否定了该仪表使用虚拟图形仿真仪表的可能；对音响系统的测试条件进行完善等。

1.4　民用飞行模拟技术发展趋势

飞行模拟软件方面，随着计算机软硬件技术、图形技术、虚拟现实技术的不断进步，飞行模拟软件（游戏）更加真实，与虚拟现实 VR 相结合，卫星照片和合成视景图像的应用以及 CG-Shader 的使用，使得图形质量上已经到了以假乱真的地步，高清晰的 3D 机模能仿真每一个细节。由于人工智能 AI 驱动的目标飞机，空管系统的引入，飞行模拟软件已不再是一个游戏。除原有的娱乐性，其专业性也在不断加强，能满足多种飞行学习的需求。

飞行模拟机方面，自 20 世纪中期第一台飞行模拟机投入运行以来，设计理念、加工工艺、制造手段、各子系统的技术不断进步，飞行模拟机技术突飞猛进。特别是近十年，更多的生产厂商参与到模拟机的研发和生产中，大量的新技术、新理念在新型号模拟机上采用，计算机系统、视景系统、运动系统、飞行操纵系统、接口系统、仪表系统和软件开发模式等取得多方面、全方位的整体进步。很多新技术、新理念从最原始的概念性东西转化为真正的产品应用于飞行模拟机的研发中，并逐渐被 FAA、JAR、CAAC 等局方接受，制定的新规则在各飞行模拟机研发厂商的新型号模拟机研发、生产中和旧型号模拟机升级换代中得到广泛应用[9]。

1. 计算机系统

计算机系统负责飞行仿真模块的计算和与接口系统的数据交换。由于计算机技术的迅速发展，多核 CPU、高性能显卡、大容量高速硬盘和高速网络的出现，以前需要昂贵计算机工作站（如 CAE 模拟机使用的是 IBM 公司的 RS-6000 系列工作站）才能完成的复杂计算、图形显示任务，现在由计算机市场上购买的个人计算机就能完成。采用单机柜或多机柜计算机联网模式的分布式模拟机体系逐渐成为主流，在该系统中各台计算机负责不同的任务，它们通过网络进行数据交换和同步操作。而 QNX、RTX 等新型实时操作系统的出现，也为个人计算机在飞行模拟机的应用提供了实时软件运行环境的支持。

2. 视景系统

视景系统负责视景图像的生成和显示，它给飞行员提供虚拟的外部世界。图像生成系统负责实时三维图像的生成，投影系统负责将实时三维图像投影。视景系统的进步包括图像生成系统、投影系统和视景数据库建模三个方面的进步。

（1）图像生成系统的 PC 化趋势。20 世纪大型专用图形工作站或图形生成硬件（如 CAE 公司的 Maxvue 2000 系统）被配置高性能显卡的 PC 机取代，代表产品有加拿大 CAE 公司的最新 Tropos-6000 系统和美国 RSI 公司的 Raster Flite XT 系统等。这类系统具有更小的体积、更小的能耗和更高的图形多边形生成率、纹理填充率。同时 OpenGL Shader 等新技术的出现使得实时三维视景图像具有更高的逼真度。随着 3D 游戏引擎的普及，Unity、Unreal Engine 等的出现，视景软件开发越发简单，不再是飞行模拟机公司的专享。

（2）在视景图像投影系统方面，LCOS（硅基液晶）投影机成为主流。实际上各类型的 LCD、DLP 投影机早已存在，但长期以来这类投影机的图像分辨率、对比度、色彩方面一直存在欠缺，只能在低端固定飞行训练器上应用。新型 LCOS 投影机在上述三个方面都有巨大的进步，如 RSI 公司的 Raster Flite XT 视景系统采用的 JVC 公司的 DLA-HD10 K 投影机,其采用非移动镜面技术，带来色彩稳定并具有较高分辨率表现的投影画面（分辨率达到 1 920×1 080,

对比度达到 2 500 : 1，具有影院级的色级和黑色域显示效果）。采用该投影机的投影系统亮度可以轻易达到 2.627 cd/m²，远大于 CCAR-60 部法规要求的 1.751 cd/m²。随着 4K 高清投影机的大幅降价，激光光源和 LED 光源的出现，新一轮投影显示系统升级近在咫尺。新的 4K 高清投影机能满足最新咨询通告中视景系统画面分辨率不超过 0.03 rad 的苛刻要求。

（3）在视景数据库方面，开发工具除传统的 Multigen Creator 软件外，Sketchup、Blender、3DS Max 也能进行视景机场数据库三维建模。各厂商仅开发一些辅助插件或编译软件，完成对视景数据库的编译、加密工作，以保证其知识产权。由于图像生成 PC 的性能飞跃，全球高层数据、高精度卫星照片和地貌矢量数据库的引入，开发的视景数据库具有更高的逼真度。在具备增强型近地警告（EGPWS）的现代大型飞机模拟机上，导航显示仪表（ND）实时显示的地形能与视景数据库中的地形完美匹配。同时一种全新的全球地形数据库技术被广泛采用，即视景图像中的地形由储存在硬盘中的高层数据和卫星照片数据实时合成。在具备该技术飞行模拟机中操作时，飞行员飞行到全球各地，其所见的地形、地貌都与真实环境接近。而原来的视景系统当飞出机场数据库建模范围后，只能以大块的平坦地貌代替，无法反映真实地形、地貌。

3. 运动系统

运动系统为飞行员提供起飞、着陆、爬升、转弯的加速度、飞行中颠簸等多种感觉。电动运动系统已逐步替代液压运动系统，并成为航空公司的优选系统。该系统与液压运动系统相比具有省电、噪声小、无管道污染、无漏油等优点。一个典型的情形就是配备大型 UPS 备用电源的模拟机，在遭遇突然停电时，可保持十多分钟全动飞行，让飞行员有时间安全地撤离。电动运动系统代表产品有 Moog FCS 的 MB-EP-6DOF/60/14000 KG 的气源辅助式电动运动系统（Electric Pneumatic Motion System，EPMS），该系统能满足 D 级飞行模拟机的要求。但电动运动系统还是一个新生事物，其技术在不断改进，由此造成模拟机运行几年之后，某些零部件已被淘汰，不再生产。如老型号的作动筒驱动电机已经被新型号电机取代，而新旧电机不能直接更换，零部件供应成为一个难题。而且其驱动的丝杠中间部分由于长期受力反复摩擦，磨损比较严重。因此，驱动丝杠的寿命，有待时间来验证，而传统的液压系统，作为一个存在了几十年的成熟产品，无上述问题。

4. 操纵系统

操作系统为飞行员提供杆舵等的操纵反馈力，直接影响模拟机的真实程度，在 QTG 飞行品质客观评估中有多项测试与其有关。近来电动操纵系统开始替代传统液压操纵系统，新的电动操纵系统具有响应快、体积小、无须油源系统、省电、噪声小和不受温度影响的优点。代表产品有 Moog FCS 的 ECOL-8000 系统。实际上电动操纵系统很早就已经出现了，只是由于性能的限制，无法与液压操纵系统相匹敌，只用于仿真度较低的小型固定飞行训练器。早期的电动操纵系统采用单芯片高速处理机（DSP）和简单的嵌入式程序控制，系统开发和调试困难。ECOL-8000 系统采用普通工业 PC 机，该机 PCI 插槽插有多张专业数模、模数转换卡，实时操作系统采用 VxWorks。该系统提供图形化界面的 FCS-EXPLORER 监控调试软件，可对操纵系统进行内环路计算补偿、外环路计算补偿和电机参数的设定、调试等工作，使开发和维护调试工作更加简洁。

5. 接口系统

接口系统是模拟机主计算机与飞行驾驶舱的唯一通道，飞行驾驶舱内的所有航电设备都通过它与计算机进行交互。近年来，接口系统开始流行串行化趋势，工业标准串行总线被大量采用。

加拿大 Mechtronix 模拟机制造公司在模拟机制造中采用高档汽车上使用的 CANBUS。其生产的 B737-800 模拟机共使用了 4 个端口，近 100 个 CANBUS 节点，每个仿真仪表、面板后都有一块具备 CANBUS 接口的单片机通过该总线与主仿真计算机通信。该系统采用 500 k 的波特率，4 个端口合计可提供 2 M 波特率的带宽，通过数据交换方式的优化可减少数据交换数量。CANBUS 节点可实时增减而不会拖累整个接口系统。因此一个驾驶舱面板失效不会对整个接口系统数据交换造成致命性破坏，工作稳定性大大提高，同时故障更易追踪。

加拿大的 CAE 模拟机制造公司采用 USB 接口系统总线，具备即插即用的特点，能在线插拔，对排除故障提供了最大化的便利。"Host To Panel"技术的使用，使得每个驾驶舱设备面板都成为一个 USB 设备（节点），它直接与计算机通信，单个节点的工作异常不会影响整个接口系统的运行。较早先基于以太网的接口系统，其工作稳定性、可维护性都有较大提高。

6. 仪表系统

驾驶舱仪表提供各种参数指示，为飞行员提供各种飞机状态数据。传统模拟机大量使用飞机仪表，该类仪表结构复杂，驱动困难，维修费用昂贵。现在各模拟机制造厂商开始使用更多的仿真仪表，仿真仪表在外形和性能上与飞机仪表一致，但维修更为便利，成本更低。仿真仪表的驱动不再需要飞机特有的 ARNIC429 总线，接口系统变得更加简洁。同时不再需要 115 V/400 Hz 电源，系统故障率进一步降低。现代飞机的平板仪表，特别适合采用计算机图形学的方法进行仿真，该类仿真仪表工作稳定，能显著降低使用、维护成本。

1.5　国内民用飞行模拟设备研发现状与展望

飞行模拟设备是计算机技术、工业控制、航空技术等的集合体，科技含量高，主要用于飞行仿真实验和飞行训练。飞行模拟设备的产值在国民经济中所占比重极低，但其具有较大的社会影响力，能提高飞行安全，促进航空大众普及。目前，我国已能完成各层次飞行模拟设备的研发，但产品质量和市场占有率低，与国外产品竞争缺乏优势，民航使用的飞行模拟训练设备主要为进口产品。发展飞行仿真研究、飞行模拟训练设备，摆脱对国外进口软硬件设备的依赖迫在眉睫，这是建设民航强国的必由之路。

1. 飞行模拟软件、设备现状

国内在飞行模拟的四个层次：飞行模拟软件、桌面飞行训练器（BATD）、飞行训练器（FTD）和飞行模拟机（FFS）上均有研发成果。

1）飞行模拟软件

在飞行模拟软件方面，中国民用航空飞行学院 2006 年研制的西门诺尔/TB20 桌面飞行训练器软件虽取得中国民航科技成果，但未推广使用，因完成时间早，从技术角度讲，视景图形技术仍停留在 21 世纪初水平，驾驶舱未三维建模，不支持虚拟现实技术，与国外流行的飞行模拟技术有代差。天津华翼蓝天有限公司研制的 B737-800、A320 程序训练器，并有推广使用。总体来说，国内缺乏有竞争力的飞行模拟软件，但 Unity、OSG（Open Scene Graphics）等商业或开源 3D 图形库的出现，使新构架上研制飞行模拟软件成为可能，如制定开放构架，并借助 GitHub 等平台开源开发模式，有跟上国际先进飞行模拟软件发展步伐的可能。

2）桌面飞行训练器

桌面飞行训练器，通过飞行模拟机软件与飞行模拟通用硬件相结合即可实现。但我国尚未有法规与美国 FAA 的 AC61-136 接轨。BATD、AATD 飞行训练不能计入飞行经历，限制了该类设备在通航培训机构的使用，而更高层次满足民航 CCAR-60 部的飞行训练器价格与通航飞机接近，民营小型通航培训机构装配积极性自然不高，而直接使用飞机进行训练，在特情处置练习等多个与飞行安全相关的关键点上有缺陷。但是由于价格和使用成本低，桌面飞行训练器可成为小型通航企业新的利润增长点，能促进通航良性发展，推动与 AC61-136 接轨，使该类设备使用合法化迫在眉睫。

3）飞行训练器和飞行模拟机

飞行训练器有国产新舟 MA60、MA600 飞行训练器和 Y12 飞行训练器，但装备数量较少，其他型号飞行模拟训练器均为国外进口产品。飞行模拟机有新舟 MA60、MA600 C 级飞行模拟机，但波音 B737-800、A320 等大型民机 D 级飞行模拟机均为进口产品。

2. 民航的飞行仿真研究

民航的飞行仿真研究起步较早，得益于中国民航科研项目的资助，用于新技术探索、科研人才的锻炼和学生培养。

中国民用航空飞行学院于 2000 年开始，在飞行模拟实践中发现问题、提出问题、解决问题，经多项民航局科研项目、重点项目、重大专项锻炼，形成研发团队。先后完成了 Y7-100 模拟机视景系统自主研发的软硬件升级项目、TB20 飞行训练器改装项目、西门诺尔桌面飞行训练器、空地一体化飞行训练系统、基于虚拟技术的飞机安全警告设备仿真训练软件、小鹰 500 飞行训练器和直升机飞行训练器。在飞行仿真涉及的各个方面，包括飞行动力学仿真、飞机系统仿真、教员控制台、接口系统、音响系统、驾驶舱仿真、航电仿真、机场视景数据库建模与视景系统设计、操纵负荷系统仿真设计、飞行测试、飞行品质评估等进行研究，获得了多项科技成果。

中国民航大学通过承担多项民航局科研项目，在飞行模拟机的总体设计、建模、音响系统、视景系统、操纵负荷系统和品质评估方面进行大量研究，发表飞行模拟相关论文超过 400 篇，培养了一批飞行模拟学术方向人才，多人先后从事了飞行模拟机相关技术工作。在飞机虚拟维修训练器方面的研究成绩也较为突出，研制的 A320 飞机数字化虚拟维修训练器在维修培训方面取得了较大成效，在 2014 年全国高等自制实验教学仪器设备评选中荣获一等奖，并已经应用到成都民航职业技术学院、上海民航职业技术学院、广州民航职业技术学院机务维修专业的实训中。

中国民航科学技术研究院通过承担民航局科研项目和横向项目，在飞行模拟方面有多项研究成果。其下有模拟机鉴定办公室负责飞行训练器和飞行模拟机的初始鉴定和定期鉴定，制定了中国民航法规 CCAR-60 部《飞行模拟设备的鉴定和使用规则》，并根据技术变化，进行相关法规修订工作。

3. 发展展望

目前，我国已能完成飞行模拟机所有零部件、软件自行研制生产。但在飞行数据采集、飞行数据包生成、核心软件研发、绿色节能技术研发和整机集成上与国外仍有较大差距。以运动平台为例，虽已从传统高能耗、高噪声液压运动平台向电动平台转变，但尚无国产的节能环保一体化气动支撑作动筒，需复杂机械结构的电动作动筒与外接气缸支撑相结合方式实现，一体化程度低。运动平台核心驱动软件算法与国外仍有较大功能差距。

我国军用飞行模拟机已实现全自主，尽管飞行数据获取、飞行客观验证方面军标与民航标准有差异，但有军用技术转民用潜力。通过与民航法规接轨，研制民航飞行模拟训练设备，能逆向促进军用技术的标准化和规模化提升。军改后部分军队院校实现双轨制，已有部分原军用飞行仿真单位，尝试进入民用飞行模拟训练设备研发领域，有着巨大的军民融合潜力。

目前，我国在飞行仿真领域处于落后追赶地位。2021—2035 年有 3 个 5 年规划，面向新时代民航强国的飞行仿真领域，我国有足够的时间迎头赶上。以国外案例来看，加拿大 Mechtronix 公司在 2006 年仅为一家小型飞行训练器制造公司，通过承担研制中国民用航空飞行学院的波音 737-800 飞行模拟机项目（该公司首台飞行模拟机），经过近 15 年的发展，已成为全球第三大飞行模拟机公司。抓住机遇、正确的商业模式、资本市场的青睐和加拿大政府支持是该公司迅速发展壮大的秘诀。

新时代民航强国在飞行模拟领域应是飞行模拟软件、桌面飞行训练器、飞行训练器和飞行模拟机的全面突破。

（1）在面向大众普及和低端飞行训练的模拟飞行软件和桌面飞行训练器（BATD）可通过与国际流行趋势接轨，制定与美国 FAA 的 AC61-136 接轨的民航法规，使该类设备使用合法化，促进该类软件、设备的普及和使用。可成立研发基金，以有影响力高校牵头主动与"一带一路"参与国的航空院校积极交流，制定中国的飞行模拟软件标准、开放式构建平台，打造类似 Flight Gear 的开放平台，专业性匹敌 X-Plane 的飞行模拟软件，并通过飞行训练软件收费认证等方式，形成市场化运作，促进项目的良性发展，扩大中国飞行模拟的影响力。

（2）在飞行训练器领域可考虑收购有影响力的国外飞行训练器公司、重要航电生产商或急需的知识产权，通过消化吸收引进方式，助力技术转型升级。

（3）在飞行模拟机领域，以项目和采购政策倾斜等方式，提高国内占有份额，通过为国外客户提供低息贷款等融资方式逐步提高海外市场占有率。通过自主研发、适当地收购兼并外国飞行模拟公司，多路并举开发飞行模拟机。飞行模拟设备产品列入智能制造行业，增值税即征即退。财政支付飞行模拟机采购项目以导向倾斜等政策支持。

参考文献

［1］WIKIPEDIA. Microsoft flight simulator X[EB/OL].2019-05. https://en. wikipedia.org/wiki/Microsoft_Flight_Simulator_X.

［2］LOCKHEED MATIN. Prepar3d[EB/OL]. 2019.https://www. prepar3d. com/.

［3］LAMINAR RESEARCH. X-plane[EB/OL]. 2019.https://www.x-plane. com/.

［4］FAA. AC No: 61-136B, FAA approval of aviation training devices and their use for training and experience[S]. 2018.

［5］FlightGear flight simulator[EB/OL]. 2019.http://home.flightgear.org/.

［6］Https://www.usenix.org/legacy/events/usenix04/tech/sigs/full_papers/perry/perry_html/Applications_Simulator.html.

［7］Https://bruceair.wordpress.com/2014/07/04/simulations-flight-simulators-ftds-and-atds.

［8］WIKIPEDIA.Flight Simulator[EB/OL]. 2019. https://en.wikipedia. org/wiki/ Flight_ simulator.

［9］陈又军. 现代飞行模拟机技术发展概述[J]. 中国民航飞行学院学报，2011(2):25-27.

2 飞行仿真建模与解算

2.1 引 言

　　飞行动力学仿真是对飞机的性能和操纵品质的动态实时仿真过程，模拟飞机在地面和空中的正常与非正常飞行，向飞行训练器其他子系统如仪表系统、视景系统等提供实时仿真数据。

　　飞行动力学仿真系统是组成飞行模拟器的一个主要软件系统，它的计算任务繁重，与其他分系统的关系密切，输入、输出参数量大。飞行模拟器许多分系统的驱动信号都需要飞行动力学仿真系统提供，所以该系统的建模、编程、数据的选取及预处理都直接影响着飞行模拟器的逼真度[1]。

　　飞行动力学仿真系统需要对飞机空气动力特性、地面上运动时起落架的力和力矩、发动机拉力和耗油率等参数以及大气环境对飞行影响进行仿真，解算飞机的六自由度非线性全量运动方程。在该仿真平台上，输入反映飞机飞行特性的特征参数，能输出基本符合该机性能指标和操控指标要求的飞行动力学仿真参数。

2.2 建模总体设计

1. 飞行动力学仿真系统具备的功能

　　（1）飞行前准备程序模拟。对飞行前所有正常程序和非正常程序进行模拟，包含开车前准备、开车、关车、试车，发动机控制和状态指示，滑油温度、压力等指示，交直流变换等各种开关和指示的正确模拟。

　　（2）滑行模拟。在合理控制方向舵、刹车和发动机油门的情况下，能够完成在地面正确滑行和转弯、停止、等待等操作。

　　（3）起飞降落。按照飞机飞行训练手册要求设置油门和操纵飞机，能在正常条件和特情下控制飞机在任意机场起飞和降落。

（4）空中飞行模拟。完成正常操作条件下和部分设备故障条件下的空中飞行，具有按照标准进离场程序飞行和任意选定航线飞行的功能。

（5）异常告警功能，包括失速、坠毁等条件的判断。

2. 飞行动力学仿真系统组成模块

飞行动力学仿真系统需要接收操纵系统的操纵面位置和发动机推力手柄位置信息，燃油系统的燃油质量，飞机重心位置，襟翼位置、起落架位置和起落架收、放标志，自动飞行系统飞行模式设置等参数。在气动模块中，计算飞机气动系数和气动力/力矩。起落架模块计算飞机在地面运动时起落架力和力矩。发动机模块计算发动机拉（推）力和燃油流量、发动机排气温度、滑油压力等参数，以及发动机开车、试车、关车等逻辑。运动方程解算模块，解算飞机六自由度非线性全量运动方程，获得飞机的姿态和位置以及其他所有的飞行参数。该部分是飞行仿真中的数据源泉。这些飞行参数输出到飞行模拟器的其他分系统，如视景系统、仪表系统、运动系统、发动机系统、导航系统、燃油系统、液压系统和操纵系统等，为飞行员提供视觉、听觉和动感等信息。

1）气动模块和发动机模块

气动模块数学模型和软件完成飞机空气动力特性的仿真，即计算飞机的气动系数、气动力和力矩。该模块包括纵向气动系数、横侧向气动系数、起落架与襟翼影响等[2]。

气动模块需要来自飞行动力学仿真系统内部的反馈项即马赫数、高度、迎角、侧滑角、飞机重心位置以及角速度无因次量等飞行参数和由操纵系统提供的操纵面位置、起落架与襟翼位置，计算飞机在该状态下的气动力（矩）系数，最后计算出飞机的气动力和力矩，输出到运动方程模块[3]。

根据所选用的解算运动方程的算法不同，在每一个计算时间步长里面都要多次调用气动模块进行气动数据计算，因此在气动模块中做一些优化是必要的[4]。通常所做的优化就是在气动模块中对飞机的空气动力数据进行预处理，数据的预处理主要是把飞机的气动数据整理成有规律的表格形式，或对气动数据进行拟合。进行过预处理的气动数据可通过调用一维、二维或三维插值子程序，求出各飞行瞬间的气动数据。

飞机发动机模型根据飞行速度、飞行高度、外界气温以及发动机功率设置情况计算发动机拉（推）力和燃油流量、发动机排气温度、滑油压力等参数，以及完成发动机开车、试车、关车等的模拟。

发动机拉力和燃油流量等参数的计算可采用与气动力模块相同的处理方法完成。

2）运动方程模块[1]

运动方程模块主要完成飞机六自由度刚体运动方程的解算。用于飞行模拟器中的飞行动力学仿真，由于需要考虑风的影响，因此运动方程中的力方程在地轴系中建立，力矩方程在体轴系中建立。

运动方程使用四阶龙格-库塔法求解。

空中运动当俯仰角在 90°附近会出现奇异值问题，这可用四元数或双欧拉法解决，由于双欧拉法具有较好的计算稳定性，而四元数法在变步长计算中才具有较好的计算稳定性，且民航机主要飞行在较低的俯仰角状态下，实际上大多数情况都可使用双欧拉法计算，且使用双欧拉法计算量比四元数法小。本项目中集成了两种算法，默认选择双欧拉法。

3）起落架力和力矩模块

以上的飞行动力学仿真模块只能进行空中飞行模拟，没有涉及地面运动的仿真，在飞行仿真中需要仿真飞机起飞、着陆以及地面滑行、滑跑等运动，因此需要合适的起落架数学模型。

进行地面运动仿真需要计算起落架力和力矩，该模块计算受前轮操纵角、刹车输入和轮子速度影响的起落架力和力矩。具体地说，该模块根据飞行系统其他模块提供的飞机速度、角速度、飞机质量和气动力、力矩以及来自操纵系统的前轮偏角，来自液压系统的刹车压力等，计算起落架支柱冲击动态特性、刹车力、起落架总的纵向力、侧力及其力矩。模块采用项目组自行设计开发的起落架数学模型，具体见《起落架数学模型及其在风场中的应用》[5]。

该起落架模型具备以下功能。

（1）地面直线滑行。

（2）转弯。

（3）起飞离地模拟。

（4）着陆接地模拟。

（5）地面风的模拟。

（6）空地逻辑判断。

这里介绍的起落架模型只需要输入起落架和飞机的一些基本几何参数即可。

4）风场的影响

飞行仿真中需要处理的另外一个问题就是要把风对飞行的影响考虑进来。地轴系中的力方程在处理风对飞行的影响时，是最简便和有效的。考虑风的影响后只需要把地速经过如下简单的变换即可[6]：

$$V_{kd} = V_d - W_d$$

其中，风矢量 W_d 可以是常值风场、水平阵风、垂直阵风、各种风切变模型的任意叠加。风的类型和强度从教员台进行设置，或由计算机随机生成。

3. 飞机简易自动飞行系统设计

为了模拟飞机自动飞行，这里设计了简单的自动飞行系统。在自动飞行系统设计中，由于所有的参数都可以通过飞行动力学仿真得到，因此不需要考虑测控系统问题，同时由于飞行仿真重在"仿"字，其与真实飞机自动飞行系统设计方法可以有所不同。

以飞机纵横向线性化小扰动方程为基础，推导出自动飞行系统设计所需传递函数模型，在 Matlab 开发环境下利用 Simulink 工具包设计飞机简单的自动飞行系统，并在 Simulink 中进行了动态仿真研究。使用 Simulink 中的 NCD 模块对控制系统参数进行优化，提高了控制系统的鲁棒性。设计的自动飞行模式包含高度改变/保持模式、指定升降速度爬升（下降）、高度层改变、航向改变/保持、航道保持、反航道保持、ILS 进近模式等，同时还设计了自动油门的速度保持模式。自动飞行系统还需要从 S 域到时域的转化。

通过这种方法设计的模拟自动飞行系统的动态特性与飞机自动飞行系统动态特性可能有一定差别，可根据全任务飞行模拟机测试和飞行员反馈等信息反复调整性能指标，以满足飞行仿真的需要。

在 Matlab 开发环境下设计的自动飞行系统，不仅可以进行自动驾驶的仿真，而且还可以向飞行指令系统提供指令信号。具体的自动飞行系统设计可参见论文《飞行模拟练习器中自动飞行系统建模方法》[7]。

2.3 动力学方程

1. 飞机本体模型的建立

1）坐标轴系

坐标轴系是描述运动体位置、姿态的参考标准，本节介绍建立飞行仿真模型采用的几种主要坐标轴系。我国国家标准 GB/T 14410.1—1993《飞行力学概念、量和符号，坐标轴系和运动状态变量》中定义了以下坐标系：

（1）飞机牵连铅垂地面坐标轴系 S_g（$Ox_g y_g z_g$）。

（2）机体坐标轴系 S_b（$Ox_b y_b z_b$）。

（3）气流坐标轴系 S_a（$Ox_a y_a z_a$）。

（4）航迹坐标轴系 S_k（$Ox_k y_k z_k$）。

这些坐标轴系均为三维正交轴系，且遵循右手法则，常用的两个坐标系分别是地面坐标系和机体坐标系。

地面坐标系 $Ox_d y_d z_d$ 固定于大地。它的原点 O 选在地面上的某一点（例如起飞点）。轴 y_d 铅垂向上，轴 x_d 和 y_d 在水平面内。由于不考虑大地的旋转，所以此坐标系可以看作是惯性系。飞机的位置和姿态以及速度和角速度等都是相对于此坐标系来衡量的。

机体坐标系 $Ox_t y_t z_t$ 固定于飞机。原点 O 在飞机质心。纵轴 x_t 平行于机身轴线或平行于机翼平均气动力弦，指向前方。立轴 y_t 在飞机对称面内，垂直于轴 x_t，指向上方。横轴 z_t 垂直于飞机对称面，指向右方。

由机体坐标系到地面坐标系的变换矩阵如下：

$$B_t^d = \begin{bmatrix} \cos\vartheta\cos\psi & -\sin\vartheta\cos\psi\cos\gamma+\sin\psi\sin\gamma & \sin\vartheta\cos\psi\sin\gamma+\sin\psi\cos\gamma \\ \sin\vartheta & \cos\vartheta\cos\gamma & -\cos\vartheta\sin\gamma \\ -\cos\vartheta\sin\psi & \sin\vartheta\sin\psi\cos\gamma+\cos\psi\sin\gamma & -\sin\vartheta\sin\psi\sin\gamma+\cos\psi\cos\gamma \end{bmatrix}$$

并且有 $B_d^t = (B_t^d)'$。

2）姿态角与坐标变换关系

飞机的迎角、侧滑角是计算飞机气动力/力矩的重要参数。三个欧拉角即俯仰角、滚转角和偏航角用来确定飞机的姿态。为了计算方便和得到各种需要的数据，往往需要在各种坐标系下计算，然后把相关参数变换到对应的坐标系中去。这些变换涉及的都是正交矩阵，它们的逆矩阵等于转置矩阵。

3）气动力计算

飞机受力和力矩根据飞机当前状态和推力、舵面偏角计算，气动特性根据吹风实验得到。有时不具备飞行模拟所需要的全部数据，可以根据空气动力学和飞行力学有关知识估算出飞机的阻尼导数（动导数）、转动惯量等参数，并对已进行风洞阻塞修正、升力效应修正的风洞试验数据进行螺旋桨滑流修正、雷诺数修正。在风洞实验数据的基础上利用样条插值等技术对数据进行预处理并以数据表格的形式给出，气动数据包含大迎角气动参数。数据分布在不同的实验点之间以插值方法取值[8]。

2. 传统动力学运动方程的建立

运动中的飞机是一个极其复杂的动力学系统，它的运动特性要受到各种因素的影响，如机体弹性变形，飞机的旋转部件，重力随时间变化、地球的曲率、自转以及大气的运动等，如果把所有这些因素都包括进去，将会使方程推导变得十分复杂，并且很难进行处理。因此，为了简化运动方程推导，做以下基本假设：

（1）地球假设为球形大地，可进行经、纬度和直角坐标变换。

（2）根据需要可选择是否忽略地球的旋转运动和地球质心的曲线运动。

（3）不考虑机体弹性变形和旋转部件影响。

（4）飞机为理想刚体，飞机质量不随飞行过程而变化。

（5）假定大气结构符合国际标准大气变化规律，可根据需要设置风向、风速。

若把飞机视为理想刚体，则它在空中的六自由度运动，可以分解为飞机质心的移动和绕质心的转动。有三个方程描述质心的运动规律（力方程），另有三个方程描述刚体绕质心的转动规律（力矩方程）。这六个方程确定了在一定外力和外力矩作用下的运动规律[9]。

运动方程模块的主要计算公式归纳如下。

飞机所受的总力（沿机体轴 x，y，z）为

$$m\begin{bmatrix} \dot{V}_{xd} \\ \dot{V}_{yd} \\ \dot{V}_{zd} \end{bmatrix} = B_t^d \begin{bmatrix} P\cos\varphi_P + F_x \\ P\sin\varphi_P + F_y \\ F_z \end{bmatrix} + B_q^d \begin{bmatrix} -X \\ Y \\ Z \end{bmatrix} + \begin{bmatrix} 0 \\ -mg \\ 0 \end{bmatrix}$$

$$\dot{\omega}_x = [I_y \sum M_x + I_{xy} \sum M_y - I_{xy}(I_x + I_y - I_z)\omega_z\omega_x + (I_y^2 + I_{xy}^2 - I_y I_z)\omega_y\omega_z]/(I_x I_y - I_{xy}^2)$$

$$\dot{\omega}_y = [I_x \sum M_y + I_{xy} \sum M_x - I_{xy}(I_z - I_x - I_y)\omega_y\omega_z + (I_x I_z - I_{xy}^2 - I_x^2)\omega_z\omega_x]/(I_x I_y - I_{xy}^2)$$

$$\dot{\omega}_z = [\sum M_z - (I_y - I_x)\omega_x\omega_y + I_{xy}(\omega_x^2 - \omega_y^2)]/I_z$$

$$\dot{\gamma} = \omega_x - \text{tg}\vartheta(\omega_y\cos\gamma - \omega_z\sin\gamma)$$

$$\dot{\psi} = (\omega_y\cos\gamma - \omega_z\sin\gamma)/\cos\vartheta$$

$$\dot{\vartheta} = \omega_y\sin\gamma - \omega_z\cos\gamma$$

$$\dot{\lambda} = V_{xd}/(R + h)$$

$$\dot{\varphi} = V_{zd}\cos\lambda/(R + h)$$

上述运动方程是非线性微分方程组，可以写为标准形式：

$$\dot{X} = f(X, \ U)$$

为了使方程封闭，还需要补充几何关系方程：

$$\sin \beta = [\sin \gamma \sin \vartheta \cos(\psi - \psi_s) + \cos \gamma \sin(\psi - \psi_s)]\cos \theta - \sin \gamma \cos \vartheta \sin \theta$$

$$\sin \alpha = \{[\cos \gamma \sin \vartheta \cos(\psi - \psi_s) - \sin \gamma \sin(\psi - \psi_s)]\cos \theta - \cos \gamma \cos \vartheta \sin \theta\} / \cos \beta$$

$$\cos \gamma_s = (\sin \vartheta \sin \alpha + \cos \gamma \cos \vartheta \cos \alpha) / \cos \theta$$

运动方程使用四阶龙格-库塔法求解。

地面运动当速度较低且又存在风的影响时，上述几何关系方程可能会出现奇异值问题，如顺风中滑行时，可能出现迎角大于 90°、侧滑角等于 90° 的现象。由于要考虑风的影响，且便于考虑风的影响，飞行器运动方程的力方程组采用了地面坐标系下的力方程，且采用了下列方法解决地面运动奇异性问题。

求解运动方程计算得到在地轴系中的速度分量 V_{kxd}、V_{kyd}、V_{kzd}，通过坐标变换得到体轴系中的速度分量：

$$\begin{bmatrix} V_{kxt} \\ V_{kyt} \\ V_{kzt} \end{bmatrix} = B_d^t \begin{bmatrix} V_{kxd} \\ V_{kyd} \\ V_{kzd} \end{bmatrix}$$

$$\alpha = \mathrm{atan2}(-V_{kyt}, V_{kxt}) \qquad (-180° < \alpha < 180°)$$

$$\beta = = \mathrm{atan2}(V_{kzt}, V_{kxt} \times \cos \alpha - V_{kyt} \times \sin \alpha) \qquad (-90° < \beta < 90°)$$

$$\gamma_s = \mathrm{atan2}(\sin \vartheta \cos \alpha \sin \beta - \cos \gamma \cos \vartheta \sin \alpha \sin \beta + \sin \gamma \cos \vartheta \cos \beta,$$
$$\sin \vartheta \sin \alpha + \cos \gamma \cos \vartheta \cos \alpha)$$

经过改造后的运动方程，在不同的飞行任务中，利用四阶龙格-库塔法进行积分计算，始终能保证计算过程不会出现奇异值。而积分计算的稳定性则通过选择合理的时间步长，使计算过程始终保证在计算的稳定域中，不会出现计算过程发散等问题。

系统设计完成后还需要对飞行仿真的相似性进行确认，按照 FAA AC61-126 标准中飞行动力学相似性要求进行了确认，对飞机性能参数（最大速度、巡航速度、失速速度、最大爬升率）和实际飞机操纵参数（飞行手册提供的飞行参数）进行了对比，然后反复进行调整。

本项目实现的通用飞机本体模型、发动机系统、起落架系统各环节模型，克服了传统飞行动力学运动方程在大迎角情况下和地面风场中可能出现的奇异值问题，开发了一个有效的飞行动力学仿真平台，并对仿真模型有效性确认和验证工作做了初步的探讨。具体实现见论文《飞行模拟中的飞行动力学仿真平台研究》[1]。

2.4　发动机建模设计

1. 发动机模型

这里结合发动机工作机理建立发动机模型，主要由发动机工作状态逻辑判断模块、歧管压强、燃油流量、输出功率、排气温度、缸头温度、油温油压等主要计算模块组成[10]。

（1）工作状态逻辑判断模块。

根据发动机转速、发动机输入（起动器位置、点火开关、混合比杆、油门杆等）以及油箱油量判断发动机的工作状态。基本逻辑判断如下：① 按下点火开关，起动器启动；② 若发动机正常运行，起动器位置为 0 或没有燃油或转速小于 0.8 倍息车转速时，发动机停车；③ 当发动机停车时，若起动器位置不为 0，有燃油并且转速大于 0.8 倍息车转速时，发动机正常运行。

（2）歧管压强。

$$p_m = \frac{Z_e}{Z_e + Z_t + Z_i} p_{amb}$$

$$Z_e = \frac{v_{max}}{v_m}$$

$$Z_i = \left(\frac{p_{sea}}{p_{max}} - 1 \right) \frac{v_{max}}{v_{m0}}$$

$$Z_t = (1 - \alpha_t)^2 \left[\frac{v_{max}}{v_{idle}} \left(\frac{p_{sea}}{p_{min}} - 1 \right) - Z_i \right]$$

（2-1）

式中，Z_e 为引擎阻抗系数，Z_i 为气箱阻抗系数，Z_e 为节气门阻抗系数，v_{max} 为活塞最大平均速度，v_m 为活塞实际平均转速，p_{sea} 为海平面标准大气压，p_{max} 为歧管最大压力，v_{m0} 为活塞额定平均速度，α_t 为油门杆位置，v_{idle} 为发动机息车活塞平均速度，p_{min} 为歧管最小压力。

（3）空气质量流量。

$$\dot{m}_a = \dot{v}_a \rho_m$$

$$\dot{v}_a = \frac{V_s n}{30\tau} \eta'_s$$

$$\rho_m = \frac{p_m}{RT_{amb}} \qquad\qquad （2\text{-}2）$$

$$\eta'_s = \left[\frac{\gamma-1}{\gamma} + \frac{\varepsilon_{c0}-\varepsilon_c}{\gamma(\varepsilon_{c0}-1)} \right] \eta_s$$

$$\varepsilon_c = \frac{p_{amb}}{p_m}$$

式中，$\dot{m}_a$ 为空气质量流量，$\dot{v}_a$ 为空气体积流量，ρ_m 为歧管内的空气密度，V_s 为排量，n 为发动机转速，τ 为冲程数，η_s 为扫气效率，η'_s 为实际扫气效率，γ 为 1.3，ε_{c0} 为几何压缩比，ε_c 为实际压缩比。

（4）燃油质量流量。

$$\dot{m}_f = \frac{\dot{m}_a}{\alpha}$$

$$\alpha = l_0 \phi_a \qquad\qquad （2\text{-}3）$$

$$\phi = \frac{1}{\phi_a} = \frac{1.3\alpha_m p_{sea}}{p_{amb}}$$

式中，α 为空燃比，ϕ_a 为过量空气系数，l_0 为化学计量空燃比，ϕ 为当量比，α_m 为混合比杆位置，p_{amb} 为大气压强，p_{sea} 为海平面大气压。

（5）发动机功率。

$$P_e = P_i - P_m$$

$$P_i = \frac{2.204\,6\dot{m}_f}{3\,600 b_i} \eta_i (1-\zeta) - P_f$$

$$P_m = P_P + P_B \qquad\qquad （2\text{-}4）$$

$$p_P = \frac{(p_{amb}-P_m)\eta_s V_s n}{22\,371\tau}$$

$$p_B = \frac{(0.304\,8 k v_m + b)V_s n}{22\,371\tau}$$

式中，P_e 为有效功率，P_i 为指示功率，P_m 为机械损失功率，包括泵气损失压强 p_p 和内部摩擦损失压强 p_B。b_i 为指示燃油消耗率，η_i 为混合效率，通过混合效率与空燃比插值表确定，ζ 为点火器损失功率百分比，P_f 为静摩擦损失功率，p_{amb} 为大气压，p_m 为歧管压强。假设内部摩擦损失压强与活塞平均速度呈线性关系：k 为斜率，b 是活塞平均速度等于零时的内部摩擦损失压强[10]。

（6）排气温度。

$$T_{eg} = T_{amb} + \Delta T_{eg} = T_{amb} + \frac{\dot{H}_e}{\dot{C}_e}$$

$$\dot{H}_e = 0.3\dot{m}_f H_u \varphi \tag{2-5}$$

$$\dot{C}_e = \dot{m}_a c_{pa} + \dot{m}_f c_{pf}$$

式中，$\dot{H}_e$ 为单位时间混合气体的热焓；$\dot{m}_f$ 为空气的质量流量；$\dot{m}_a$ 为空气的质量流量；H_u 为燃油低热值；φ 为燃烧效率，由空燃比与燃烧效率插值表得到；$\dot{C}_e$ 为单位时间排出气体的热容；c_{pa} 为空气的比热容 1 005 J/(kg · K)；c_{pf} 为燃料的比热容 1 700 J/(kg · K)；T_{eg} 为排气温度，K。

（7）缸头温度。

$$T_{ch\_i+1} = T_{ch\_i} + \dot{T}_{ch}\Delta t$$

$$\dot{T}_{ch} = \frac{\dot{q}_c + \dot{q}_e + \dot{q}_f}{m_{ch}c_{ch}}$$

$$\dot{q}_c = 0.33\dot{m}_f H_u \varphi \tag{2-6}$$

$$\dot{q}_e = h_2 \dot{m}_{ac}\Delta T + h_3 n\Delta T$$

$$\dot{q}_f = h_1 \Delta T S_{ch}$$

$$\dot{m}_{ac} = V_t S_{ch} \rho_{amb}$$

式中，T_{ch_i+1} 为下一时刻缸头温度，K；T_{ch_i} 为当前时刻缸头温度；$\dot{T}_{ch}$ 为缸头温度的变化率，K/s；Δt 为时间步长；$\dot{q}_c$ 为单位时间燃烧产生的总热焓；$\dot{q}_e$ 为单位时间强制对流消耗的总热焓；$\dot{q}_f$ 单位时间自然回流消耗的总热焓；m_{ch} 为缸头的质量，kg；c_{ch} 为缸头的比热容，J/(kg · K)；H_u 为燃料的热值；ϕ 为混合气体的燃烧效率；h_2 为强制对流相关系数 – 3.95；$\dot{m}_{ac}$ 为空气流过缸头的质量流量；ΔT 为当前缸头温度与环境温度的差值，K；h_3 为自然回流相关系数 – 0.05；h_1 为强制对流相关系数 – 95；v_t 为空速；S_{ch} 为缸头裸露在空气的面积。

（8）滑油温度。

$$T_{oil\_i+1} = T_{oil\_i} + \dot{T}_{oil}\Delta t$$

$$\dot{T}_{oil} = (T_{oil\_target} - T_{oil\_i})/T \tag{2-7}$$

$$T_{oil\_target} = T_{ch} + \eta_c (T_{amb} - T_{ch})$$

式中，T_{oil_i+1} 为下一时刻滑油温度，T_{oil_i} 当前时刻滑油温度，$\dot{T}_{oil}$ 为滑油温度变化率，T_{target} 为目标油温，T 为时间常数，η_c 为冷却效率。

（9）滑油压力。

$$P_{oil} = \frac{nP_{oil\_target}}{5.17n_{max}} + 1.72(T_{oil\_design} - T_{oil})\frac{n}{5.17n_{max}} \quad （2-8）$$

式中，P_{oil_target} 为参考油压 413.7 kPa；T_{oil_design} 为设计油压 586.08 kPa；1.72 为油的黏度系数，kPa/°C。

2. 传动系统模型

直升机传动系统包括减速器、传动轴、超转离合器以及旋翼刹车，将发动机的输出功率和转速分配给旋翼、尾桨和各个附件。超转离合器位于发动机与传动轴之间，当发动机失效时离合器自动脱开，驾驶员可以通过降总距杆保持旋翼自转，处于自转状态的旋翼也带动尾桨继续转动。本文结合上述传动系统工作原理建立传动系统模型，从而建立起发动机与旋翼转速和功率的耦合联系，具体步骤如下。

（1）首先通过减速比将旋翼转速和需用扭矩换算到离合器从动轴端。

$$\omega_{rc} = \omega_r i$$
$$T_{Qc} = \frac{T_Q}{i} + \frac{T_{Qtr}}{i_{tr}} + \frac{P_{\Delta f}}{\omega_{rc}} \quad （2-9）$$

式中，ω_{rc} 为从动轴角速度，ω_r 为主旋翼角速度，i 为主旋翼到从动轴的减速比，T_{Qc} 为从动轴的扭矩，T_Q 为主旋翼负载扭矩，T_{Qtr} 为尾桨负载扭矩，i_{tr} 为尾桨到从动轴的减速比，$P_{\Delta f}$ 为传动损失功率。

（2）将发动机转速和输出扭矩换算到离合器主动轴端。

$$\omega_{rm} = \omega_e$$
$$T_{Qrm} = \frac{P_e - P_{\Delta f}}{\omega_e} \quad （2-10）$$

式中，ω_{rm} 为发动机角速度，ω_e 为主动轴角速度，T_{Qrm} 为主动轴输出扭矩，P_e 为发动输出功率。

（3）根据离合器两端的转速、扭矩以及离合器开关确定扭矩传递系数。

$$\bar{\kappa} = \kappa_1 \kappa_2$$
$$\kappa_1 = \begin{cases} 0 & \omega_{rm} + \frac{T_{Qrm}}{J_{rm}}\Delta t < \omega_{rc} + \frac{T_{Qc}}{J_{rc}}\Delta t \\ 1 & \omega_{rm} + \frac{T_{Qrm}}{J_{rm}}\Delta t \geqslant \omega_{rc} + \frac{T_{Qc}}{J_{rc}}\Delta t \end{cases} \quad （2-11）$$

式中，$\bar{\kappa}$ 为功率传递系数；κ_1 为单向轴承；κ_2 为离合器开关；J_{rm} 为主动轴等效转动惯量；J_{rc} 为从动轴等效转动惯量。计算主动轴和从动轴断开后各自下一时刻的角速度：当预测到从动轴角速度大于主动轴角速度时（发动机故障或者直升机机动时才可能发生），单向轴承自动断开；当从动轴角速度小于等于主动轴角速度时，单向轴承完全接通，此时只有离合器开关影响扭矩的传递系数。

考虑到离合器开关的惯性延迟，避免接通离合器时两端转速突变，$\bar{\kappa}$ 通过一阶惯性环节 $\dfrac{a}{s+a}$，采用双线性变换法 $s=\dfrac{2}{T}\dfrac{1-z^{-1}}{1+z^{-1}}$，从而得到通过惯性环节后扭矩传递系数，离散形式如下。

$$\kappa_i = (\bar{\kappa}_i + \bar{\kappa}_{i-1})\frac{a\Delta t}{2+a\Delta t} + \frac{2-a\Delta t}{2+a\Delta t}\kappa_{i-1} \tag{2-12}$$

（4）结合经验公式，根据扭矩传递系数计算离合器两端下一时刻的角速度。

$$\omega'_{rm\_i+1} = \omega_{rm\_i} + \Delta\omega_{rm} = \omega_{rm\_i} + \frac{T_{Qrm\_i} - \kappa T_{Qc\_i}}{J_{rm} + \kappa J_{rc}}\Delta t$$

$$\omega'_{rc\_i+1} = \omega_{rc\_i} + \Delta\omega_{rc} = \omega_{rc\_i} + \frac{\kappa T_{Qrm\_i} - T_{Qc\_i}}{\kappa J_{rm} + J_{rc}}\Delta t \tag{2-13}$$

$$\omega_{rm\_i+1} = \omega'_{rm\_i+1}(1-\kappa^2) + 0.02\kappa(49\omega'_{rm\_i+1} + \omega'_{rc\_i+1})$$

$$\omega'_{rc\_i+1} = \omega_{rc\_i+1}(1-\kappa^2) + 0.02\kappa(49\omega'_{rc\_i+1} + \omega'_{rm\_i+1})$$

（5）最后根据减速比得到发动机、旋翼、尾桨的转速，从而建立了发动机/传动系统与旋翼、尾桨通过功率和转速紧密的耦合关系。

2.5　起落架建模设计

起落架模型由起落架触地判断模块和起落架解算模块两大部分组成。起落架触地判断模块根据飞机的飞行姿态、飞行高度和各起落架在机体处的相对位置解算各起落架距离标准海平面的高度 h_i，根据 h_i 和地形高程 h_0 判断各起落架是否触地。当 $h_i < h_0$ 时起落架触地，触发起落架解算模块，解算地面对该起落架垂向的支持力以及切向的摩擦力。

起落架与地面接触的支持力由简单的弹簧阻尼系统模拟：

$$F_n = Ku + bv \tag{2-14}$$

式中，K 为弹簧的刚度；b 为弹簧的阻尼；$u = h_0 - h_i$ 为压缩距离；v 为接触点处的垂向速度。

起落架与地面接触时的切向摩擦力数值解算较为复杂，具有很强的非线性特征，表现为相对速度为 0 且外力小于最大静摩擦力时，地面给起落架的摩擦力依外力自动调整，保持合外力、力矩平衡，飞机静止在跑道上。而一旦获得相对速度或者外力大于最大静摩擦力，地面给起落架的摩擦力就突变为滚动摩擦或滑动摩擦，这给数值仿真带来困难。为了克服相对速度接近 0 时数值计算不稳定并且数值模拟出地面给起落架的静摩擦与动摩擦特性，本书取摩擦力 $F_t = -\mu F_n \, \mathrm{sgn}(V_t)$，其中摩擦系数 μ 满足

$$\mu = \begin{cases} 0 & |V_t| \leqslant V_{\mathrm{bkout}} \\ \dfrac{\mu_{\max}}{V_{\mathrm{skid}} - V_{\mathrm{bkout}}} (|V_t| - V_{\mathrm{bkout}}) & V_{\mathrm{bkout}} < |V_t| \leqslant V_{\mathrm{skid}} \\ \mu & |V_t| > V_{\mathrm{skid}} \end{cases} \qquad (2\text{-}15)$$

意义如下。

① 当 $|V_t| \leqslant V_{\mathrm{bkout}}$（$V_{\mathrm{bkout}}$ 为足以认为接触点与地面相对静止的速度）时，摩擦系数等于 0，这主要考虑到数值计算中由于计算误差存在 $|V_t| = 0$ 很难达到。

② 当 $|V_t| > V_{\mathrm{skid}}$ 时（V_{skid} 为足以认为接触点与地面开始滑动的速度），摩擦系数对于滑动摩擦取 0.5，对于滚动取 0.02，用来模拟动摩擦力特性。

③ 当 $V_{\mathrm{bkout}} < |V_t| \leqslant V_{\mathrm{skid}}$ 时摩擦系数介于 0 与最大静摩擦力系数 $\mu_{\max}$ 之间，用来模拟在最大静摩擦力范围内静摩擦力和外力自动平衡。

最后将起落架与地面接触的作用力转换到体轴系下重心处，从而模拟直升机与地面接触时运动特性。

2.6　大气环境建模设计

大气环境模型可分为静态大气模型和扰动大气模型。静态大气主要指大气温度、压力和密度等随海拔高度的变化，而扰动大气主要指直升机在飞行中遇到的风场，可分为平均风、离散突风、风切变和大气紊流。

1）静态大气模型

飞行仿真中气压高度表指示的是气压高度。以标准大气模型为基础，海拔高度 h、标准海压高度 $h_{\mathrm{std},p}$、修正海压高度 h_0 和场压高度 h_p 可以根据以下公式转换：

$$h_{\text{std},p} = h + (\Delta T / 0.006\,5)\ln(1 - 0.006\,5 / 288.15 \times h_{\text{std},p}) \tag{2-16}$$

基准高度 h_0 根据高度表调节的压力基准值，采用下式进行计算：

$$h_0 = [288.13 - 288.13(P_0 / 101\,325)^{1/5.258\,8}] / 0.006\,5 \tag{2-17}$$

式中，P_0 为气压高度表设定的压力基准。

气压高度 h_p 为

$$h_p = h_{\text{std},p} - h_0 \tag{2-18}$$

静态大气其他参数随高度变化的计算公式如下。

温度随高度的变化规律：

$$T = \begin{cases} T_0 + L_1 H = 288.15 + \Delta T - 0.006\,5H & H \leqslant 11\,000 \\ T_{11} = 216.65 + \Delta T & 11\,000 < H \leqslant 20\,000 \\ T_{11} + L_2(H - 20\,000) & H > 20\,000 \end{cases} \tag{2-19}$$

式中，T_0 为海平面的标准大气温度，K；ΔT 为标准大气偏差；$L_1 = -0.006\,5\,\text{K/m}$，$L_2 = 0.001\,\text{K/m}$ 是温度对高度的变化率，称为温度垂直梯度。

压强随高度的变化规律：

$$p = \begin{cases} p_0 \left(\dfrac{T}{T_0} \right)^{-\frac{g_0}{RL_1}} & H \leqslant 11\,000 \\ p_{11} e^{-\frac{g_0}{RT_{11}}(H - 11\,000)} & 11\,000 < H \leqslant 20\,000 \\ P_{20} \left(\dfrac{T}{T_{20}} \right)^{-\frac{g_0}{RL_2}} & H > 20\,000 \end{cases} \tag{2-20}$$

式中，p_0 为海平面测量的标准大气压，Pa；g_0 为海平面测量的标准重力加速度；p_{11} 为 11 km 处测量的标准气压，Pa；P_{20} 为 20 km 处测量的标准气压，Pa。

大气密度随高度的变化规律：

$$\rho = \begin{cases} \rho_0 \dfrac{p}{p_0} \left(\dfrac{T}{T_0} \right)^{-1} = \rho_0 \left(\dfrac{T}{T_0} \right)^{-\left(1 + \frac{g_0}{RL_1}\right)} & H \leqslant 11\,000 \\ \rho_{11} \dfrac{p}{p_{11}} \left(\dfrac{T}{T_{11}} \right)^{-1} = \rho_{11} e^{-\frac{g_0}{RT_{11}}(H - 11\,000)} & 11\,000 < H \leqslant 20\,000 \\ \rho_{20} \dfrac{p}{p_{20}} \left(\dfrac{T}{T_{20}} \right)^{-1} = \rho_{20} \left(\dfrac{T}{T_{20}} \right)^{-\left(1 + \frac{g_0}{RL_2}\right)} & 20\,000 < H \leqslant 32\,000 \end{cases} \tag{2-21}$$

式中，ρ_0 为海平面测量的标准大气密度，ρ_{11} 为 11 km 处测量的标准大气密度，ρ_{20} 为 20 km 处测量的标准大气密度。

声速，总温，总压，动压和马赫数分别为

$$a = a_0\sqrt{\frac{T}{T_0}}, T_{v0} = T\left(1 + \frac{\gamma-1}{2}Ma^2\right)$$

$$p_{v0} = p\left(1 + \frac{\gamma-1}{2}Ma^2\right)^{\frac{\gamma}{\gamma-1}} \tag{2-22}$$

$$q = \frac{1}{2}\rho V^2, Ma = \frac{V}{a}$$

式中，a_0 为海平面的声速 340.294 m/s，γ 为空气比热比 1.4。

2）扰动大气模型

扰动大气模型主要包括水平风、离散突风、风切变以及大气紊流，用来模拟飞机穿过风场时的飞行特性。

（1）水平风。

水平风一般在导航坐标系下定义，包括风速 v_w 和风向角 θ_w，可以随时间任意变化，也可以保持不变。风向角是以北为 0°，顺时针方向旋转到风的来流所得的角度。通过导航到机体的坐标转换矩阵 DCM_{be} 将导航坐标系下的水平风矢量转换到机体坐标系下。

$$v_{wind} = -DCM_{be}\begin{bmatrix} v_w\cos\theta_w \\ v_w\sin\theta_w \\ 0 \end{bmatrix} \tag{2-23}$$

（2）离散突风。

参照美国军方标准 MIL-F-8785C，离散突风采用 1−cosine 模型：

$$v_{gust} = \begin{cases} 0 & x < 0 \\ \frac{v_m}{2}\left[1 - \cos\left(\frac{\pi x}{d_m}\right)\right] & 0 \leqslant x \leqslant d_m \\ v_m & x > d_m \end{cases} \tag{2-24}$$

式中，v_m 为广义离散突风速度，d_m 为广义离散突风长度。

（3）风切变。

按美国军方标准 MIL-F-8785C 建立风切变的模型：

$$v_{\text{shear}} = W_{20} \frac{\ln\left(\dfrac{h}{z_0}\right)}{\ln\left(\dfrac{20}{z_0}\right)} \tag{2-25}$$

式中，W_{20} 指的是离地高度 20 ft*处的风速，z_0 对于起飞、进场、着陆等末端飞行阶段为 0.15 ft，其他为 0.2 ft。高度 3 ft $\leqslant h \leqslant 1\,000$ ft。

（4）大气紊流。

大气紊流属于随机风，Dryden 和 von Karman 紊流速度谱模型是飞行仿真中最常用的，其中 Dryden 模型以代码容易实现而应用广泛。

Dryden 模型中紊流速度谱模型如下。

① 纵向：

$$\Phi_u(\omega) = \frac{2\sigma_u^2 L_u}{\pi v} \cdot \frac{1}{1+\left(L_u\dfrac{\omega}{v}\right)^2}$$

$$\Phi_{p_g}(\omega) = \frac{\sigma_w^2 L_u}{V L_w} \cdot \frac{0.8\left(\dfrac{\pi L_w}{4b}\right)^{1/3}}{1+\left(\dfrac{4b\omega}{\pi v}\right)^2} \tag{2-26}$$

② 横向：

$$\Phi_v(\omega) = \frac{\sigma_u^2 L_v}{\pi v} \cdot \frac{1+3\left(L_v\dfrac{\omega}{v}\right)^2}{\left[1+\left(L_v\dfrac{\omega}{v}\right)^2\right]^2}$$

$$\Phi_r(\omega) = \frac{\mp\left(\dfrac{\omega}{v}\right)^2}{1+\left(\dfrac{3b\omega}{\pi v}\right)^2} \cdot \Phi_v(\omega) \tag{2-27}$$

③ 垂向：

---

* ft（英尺）为英制单位，1ft = 0.304 8 m，后同。

$$\Phi_w(\omega) = \frac{\sigma_w^2 L_w}{\pi v} \cdot \frac{1 + 3\left(L_w \dfrac{\omega}{v}\right)^2}{\left[1 + \left(L_w \dfrac{\omega}{v}\right)^2\right]^2}$$

$$(2\text{-}28)$$

$$\Phi_q(\omega) = \frac{\mp\left(\dfrac{\omega}{v}\right)^2}{1 + \left(\dfrac{4b\omega}{\pi v}\right)^2} \cdot \Phi_w(\omega)$$

式中，b 为飞行器展长，v 为空速。L_u、L_v、L_w 为紊流尺度，σ_u、σ_v、σ_w 为三个方向上的紊流强度，根据当前的飞行高度由下式确定。

a. 低空模型：$h < 1\,000$ ft。

紊流尺度：

$$L_w = h$$
$$L_u = L_v = \frac{h}{(0.177 + 0.000\,823\,h)^{1.2}}$$

$$(2\text{-}29)$$

紊流强度：

$$\sigma_w = 0.1 W_{20}$$
$$\frac{\sigma_u}{\sigma_w} = \frac{\sigma_v}{\sigma_w} = \frac{1}{(0.177 + 0.000\,823\,h)^{0.4}}$$

$$(2\text{-}30)$$

其中，W_{20} 是 20 ft 处的风速，典型的紊流程度：轻，15 节[*]；中，30 节；强，45 节。

b. 中高空模型：$h > 2\,000$ ft。

紊流尺度：

$$L_u = L_v = L_w = 1\,750 \text{ ft}$$

$$(2\text{-}31)$$

紊流强度：$\sigma_u = \sigma_v = \sigma_w$，可通过海拔高度和紊流程度的二维插值表确定。

成形滤波器传递函数：

b.1 纵向。

---

[*] 节，速度单位（kn），1 节＝1 海里/小时＝0.514 m/s。

$$H_u(s) = \sigma_u \sqrt{\frac{2L_u}{\pi v}} \cdot \frac{1}{1 + \dfrac{L_u}{v}s}$$

$$H_p(s) = \sigma_w \sqrt{\frac{0.8}{v}} \cdot \frac{\left(\dfrac{\pi}{4b}\right)^{1/6}}{L_w^{1/3}\left[1 + \left(\dfrac{4b}{\pi v}\right)s\right]}$$

（2-32）

b.2 横向。

$$H_v(s) = \sigma_u \sqrt{\frac{L_v}{\pi v}} \cdot \frac{1 + \dfrac{\sqrt{3}L_v}{v}s}{\left(1 + \dfrac{L_v}{v}s\right)^2}$$

$$H_r(s) = \frac{\mp \dfrac{s}{v}}{\left[1 + \left(\dfrac{3b}{\pi v}\right)s\right]} \cdot H_v(s)$$

（2-33）

b.3 垂向。

$$H_w(\omega) = \sigma_w \sqrt{\frac{L_w}{\pi v}} \cdot \frac{1 + \dfrac{\sqrt{3}L_w}{v}s}{\left(1 + \dfrac{L_w}{v}s\right)^2}$$

$$H_q(s) = \frac{\mp \dfrac{s}{v}}{\left[1 + \left(\dfrac{4b}{\pi v}\right)s\right]} \cdot H_w(s)$$

（2-34）

3）风对飞机的影响

由以上四种风模型输出的体轴系下风速矢量作矢量和得到总风速，根据速度关系：地速=空速+风速，可得体轴系下重心处的空速为

$$V_a = \begin{bmatrix} u_a \\ v_a \\ w_a \end{bmatrix} = V_e - V_w$$

（2-35）

式中，V_a 为空速，V_e 为地速，V_w 为风速。

飞行空速 V_a，迎角 α 和侧滑角 β：

$$v_a = \sqrt{u_a^2 + v_a^2 + w_a^2}$$

$$\alpha = \arctan \frac{w_a}{u_a} \qquad\qquad (2\text{-}36)$$

$$\beta = \arcsin \frac{v_a}{V_a}$$

受到风影响后飞机重心处相对气流的角速度可以表示为

$$\boldsymbol{\omega}_a = \boldsymbol{\omega} + \boldsymbol{\omega}_{\text{wind}} \qquad\qquad (2\text{-}37)$$

式中，$\boldsymbol{\omega}_a$ 是受到风影响后飞机重心在体轴系下的角速度；$\boldsymbol{\omega}$ 为未受到旋转风影响前飞机重心在体轴系下的角速度；$\boldsymbol{\omega}_{\text{wind}}$ 为风旋转的角速度（在体轴系下）。

当飞机穿过风场时，运动的惯性力取决于地速，而作用在飞机上的空气动力则取决于空速[10]。因此动力学方程中的质心动力学方程和质心运动方程的求解代入地速 V_e 和未受到旋转风影响的角速度 $\boldsymbol{\omega}$，而旋翼、机身、尾桨、平尾、垂尾等部件的气动力/力矩的解算中则需要代入空速 V_a 和受到风影响后直升机重心在体轴系下的角速度 $\boldsymbol{\omega}_a$。

参考文献

[1] 苏彬，陈又军，刘渡辉，王大海. 飞行模拟中的飞行动力学仿真平台研究[J]. 中国民航飞行学院学报，2006(6):12-16.

[2] 邓浩昌. 飞行仿真技术在民机航电系统试验中的应用研究[C]//中国航空学会自动控制专业分会:中国航空学会. 中国航空学会控制与应用第十二届学术年会论文集. 2006.

[3] 梁勤，马捷中，翟正军. 基于 MATLAB 的通用飞行器仿真[J]. 计算机测量与控制，2008(8):1141-1144.

[4] 杨国平. 飞机轮胎模型及地面运动仿真研究[D]. 成都：中国民用航空飞行学院，2009.

[5] 苏彬，王大海，陈又军. 起落架数学模型及其在风场中的应用[J]. 飞行力学，2007(1):63-66.

[6] 於秋枫. 风切变和大气紊流模型在飞行仿真中的应用研究[D]. 成都：中国民用航空飞行学院，2009.

[7] 苏彬，陈红英，刘渡辉. 飞行模拟练习器中自动飞行系统建模方法
[J]. 中国民航飞行学院学报，2007(5):9-13.

[8] 刘浩. 现代战斗机仿真架构与建模研究[D]. 西安：西北工业大学，
2003.

[9] 张建民. 作战飞机交互式综合仿真技术研究[D]. 西安：西北工业大
学，2002.

[10] 赵志俊. 某直升机训练器全系统耦合飞行动力学建模技术研究 [D].
南京：南京航空航天大学，2016.

3　模拟仿真驾驶舱

3.1　引　言

模拟仿真驾驶舱是飞行模拟最终仿真目标，为飞行员提供仿真飞机驾驶舱的真实再现，为后期飞机训练提供训练环境的无间隙切换。模拟驾驶舱应当是模拟飞机驾驶舱的全尺寸复制品（即 1：1 仿真），其操纵装置、设备、能够看到的驾驶舱指示器、跳开关、隔板的位置要合适，功能要准确，可对该飞机进行复现。操纵装置和开关的移动方向应与所模拟的飞机一致。机组成员的座椅要有能力使驾驶员达到所模拟飞机上设计的眼点位置；驾驶舱应包括从驾驶员座椅调整到最后位置所对应的机身横截面之前的全部空间，包括附加的必需机组成员值勤位置以及驾驶员座椅后方必需的隔板所占用的空间。即仿真驾驶舱应保证其内部大小与模拟飞机一致；仿真驾驶员座椅以前的全部设备，仿真装置的操作与飞机一致；对于像 B737 或 A320 在驾驶员座椅后配置有跳开关面板的机型，其后方跳开关面板也应当仿真。为保证教员能观察驾驶舱仪表和飞行员操作，模拟驾驶舱后部应当为开放式。

模拟驾驶舱由舱体、仪表、开关、按钮、指示灯、通信导航设备和操纵装置等部件组成，其功能和逻辑由仿真计算机驱动仿真。

模拟驾驶舱舱体可以采用仿真机型飞机舱体切割、改装，或者使用三维扫描仪对仿真飞机驾驶舱进行扫描，再逆向工程三维建模，数控加工模具，最终使用玻璃钢复合材料一体成型。对不具备条件的也可人工建木模，或钣金工人依靠人工技巧构建仿真舱体。模拟驾驶舱仿真航空仪表可结合仿真区域实施条件，采用图形仿真式仪表和机械式仿真仪表结合的方式实现。通信导航设备可采用机载通信导航控制面板改装或使用仿真零部件设计功能和外观仿真件。而操纵机构与飞行员接触紧密，对飞行感受影响最大，建议使用飞机部件。

3.2 模拟仿真驾驶舱舱体

1. 改造驾驶舱舱体方式

按照 CCAR-60 部要求，模拟驾驶舱应当是模拟飞机驾驶舱的全尺寸复制品，其操纵装置、设备、能够看到的驾驶舱指示器、跳开关、隔板的位置要合适，功能要准确，可对该飞机进行复现。操纵装置和开关的移动方向应与所模拟的飞机一致。因此使用飞机驾驶舱进行改装是最简单易行的方式。在预算足够的情况下，可以从飞机厂家购买飞机驾驶舱舱体含内部操纵部件（驾驶杆、舵、油门组件、配平机构等）。具体位置是驾驶员座椅后方，从第一个结构支架处进行切割，对后部边缘进行包裹，构建一个后部开放的驾驶舱，满足法规中教员能观察到驾驶舱内仪表和飞行员操作的要求。如图 3-1（a）所示为改装中的一个旧飞机驾驶舱，对其内设备进行拆除，保留操纵机构，机身内部装饰件、机身舱门、操纵按钮和座椅等均采用飞机原件。如图 3-1（b）所示在原飞机操纵机构合适位置加装有改装件，以便安装操纵负荷机构。如图 3-2 所示为改装完成的模拟驾驶舱。

 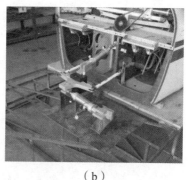

（a） （b）

图 3-1 改装中的飞机驾驶舱

图 3-2 改装完成的模拟驾驶舱

2. 仿真驾驶舱舱体方式

仿真驾驶舱舱体有传统的人工制作铝合金骨架,并搭载金属和复合材料蒙皮的方式,这种方式批量制作时其质量一致性控制困难。玻璃钢是综合了玻璃的硬度和钢坚硬不碎的特点的复合材料,有着轻质高强、耐腐蚀、绝缘等特点,并且玻璃钢成型工艺简单,简易模具制作后能重复进行制作使用。玻璃钢材质舱体,采用模具制造,玻璃复合材料一次成型工艺,可以制作复杂形体,制造一致性好,适合小批量制造。制造可以使用真飞机部件直接复制、三维扫描建模或人工制造模具等多种生成方式。如图 3-3 所示驾驶舱玻璃三维实体图,通过三维扫描进行数据采集,在电脑上对采集的数据进行处理,由点云数据生成三维模型实体,然后将三维模型实体导入加工中心,可制作出热压模具。对于驾驶舱也可以采用同样的方法进行三维数字建模。

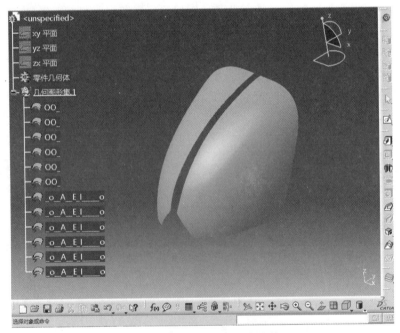

图 3-3 驾驶舱玻璃三维实体

仿真驾驶舱舱体也需对仿真飞机舱体进行测绘,根据测绘数据制作木模,在木模的基础上进行玻璃钢外壳的制作。脱模后进行打磨喷漆,得到舱体外壳成品。如图 3-4(a)所示为制作的木模,图 3-4(b)为通过模具翻模的玻璃钢壳体毛坯。如图 3-5 所示为制作完成的仿真驾驶舱舱体。

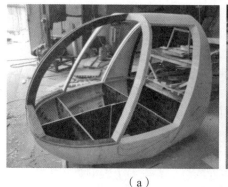 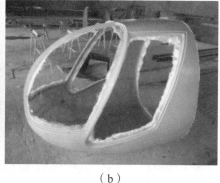

（a）　　　　　　　　　　　　　　（b）

图 3-4　驾驶舱模具和玻璃钢毛坯

图 3-5　完成的仿真驾驶舱

3.3　仿真航空仪表

　　飞机在不同的外界条件下飞行时，飞行员需要遵循目视飞行规则（VFR）或仪表飞行规则（IFR）。而在 IFR 规则下，即在目视条件不佳或需要精确数据引导时，飞行员就必须根据飞行仪表的各种指示，才能准确地了解飞机当前状态和外部情况，从而正确地做出决策和操作。

　　根据用途的不同，飞机上的仪表可以分为

　　（1）飞行仪表：指示飞机飞行的基本状态，提供操纵参考，是飞行员操纵飞机所需要的最直接的参数显示和操纵指引。现代运输机多集成为 PFD（Primary Flight Display）。

（2）领航仪表：对飞行的计划、位置、轨迹、机场数据、进近程序、地面导航台等进行显示，能帮助飞行员了解飞机的准确位置，并清晰指出后续飞行的计划。现代运输机多集成为 ND（Navigation Display）。

注：在现代运输机电子显示/仪表系统中，通常将 PFD 和 ND 合称为电子飞行仪表系统 EFIS（Electronic Flight Instrument System）。

（3）发动机仪表：主要指示发动机的推力表征参数和健康状况参数，也显示次要的参数。

（4）警告灯/指示：对飞机本身状态或外界环境进行显示和告警。早期为独立的警告灯面板，现代飞机上除主警告/警戒灯、火警等个别的严重警告外，大多没有独立的警告显示器，而是与发动机指示集成为一套系统，在相同的一个或多个显示器上显示。

在现代运输机电子显示/仪表系统中，通常将发动机、系统、警告、状态等信息的显示统称为一套系统，如波音的 EICAS 和空客的 ECAM。早期小型飞机多配置机械式航空仪表，目前配置 Garmin 公司的 G1000 综合显示仪表逐渐成为主流。

飞机仪表需要利用全静压、陀螺、磁罗盘等多项物理原理，现代运输机多集成大气数据计算机、惯性基准（导航）系统等综合性计算机系统，这里不再做详细描述。飞行员学习和了解飞机仪表的原理，对飞机状态的指示，特别是非正常状态下的指示，是极其重要的理解基础，从而避免发生错误的决策和操作。

模拟机的仪表系统与真实飞机上仪表系统的指示完全一致，模拟机仪表可以为飞机真件，可以为仿真件（仿真仪表），即对飞机仪表的原理性进行仿真，依靠内建的软件算法和参数设定模拟真实仪表的显示。

仿真仪表又称为虚拟仪表，广泛应用在模拟机制造中。仿真仪表应用到模拟机上可以显示被模拟的真实飞机仪表上的所有数据信息。根据仿真仪表的驱动方式，可以分为图形式仪表和机械式仪表。图形式仪表，如电子飞行仪表，直接通过连接线路 HPMI/VGA/DVI 与相应的计算机连接，由计算机控制仪表的信息显示；机械式仪表，如地平仪、电压表、电流表，由电机驱动仪表显示，完成仪表的指示。但是像地平仪这类比较复杂的机械式仪表，在模拟机上常常采用飞机真件，需要将真件使用的 ARINC429 接口改装为串口连接。

仿真仪表具有飞机真件不可比拟的成本低廉的优点，此外仿真仪表的研发也相对容易。仿真仪表应用到模拟机上，对日常维护而言，具有维护操作容易、维修程序简单的特点。此外仿真仪表还具有强大的扩展性，通过软硬件移植再创建，可以快速仿真成与其相类似的二次仿真，此外仿真仪表可以经过改装，用于 VPT（Virtual Program Trainer）虚拟程序练习器中。

1. 图形仿真航空仪表

仿真仪表又称为虚拟仪表，一般位于模拟驾驶舱正前方，仿真仪表需要模拟显示被模拟的真实飞机仪表上的所有图形信息。

1）仿真仪表显示原理

仿真仪表是以虚拟仪表显示器的形式呈现出来，在模拟驾驶舱内的虚拟仪表显示器像传统的电脑显示器一样，可以显示模拟机驾驶舱内被模拟的任何图形。虚拟仪表显示器由虚拟仪表转换电脑 VIA（Virtual Instrument Adaptor）来驱动，每台模拟机有两台 VIA 或者多台 VIA 电脑。

每台 VIA 电脑可以给一个或者多个仿真仪表传输图像。VIA 电脑通过数字视频接口 HPMI/VGA/DVI 将图像传输到模拟机内的仿真仪表显示器。

在分辨率要求允许的情况下，可以使用单个 DVI 信道驱动多个显示器。通过生成组合图像并将生成的图像发送到该通道上的所有显示器，每个显示单元仅显示其组合图像的指定区域，即图像的"切割"显示。

在分辨要求不高的情况下可以采用 VGA 传输信号，VGA 接口采用模拟信号传输信号。VGA 模拟信号是将电脑内的数字信号转换为模拟信号，将信号发送到 LCD 显示器，显示器再将该模拟信号转换为数字信号，形成画面，中间的信号丢失严重，分辨率越高越严重，可以通过 DVI 光纤转换器进行无损延长。如图 3-6 所示为仿真仪表框图。

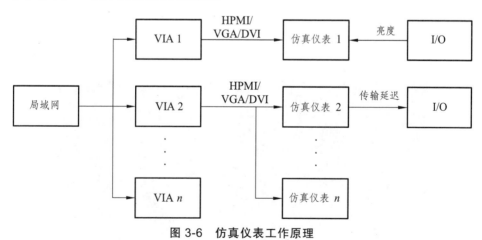

图 3-6　仿真仪表工作原理

2）新的法规

新的法规规定，三维仪表的电子显示图像（如一个机电仪表）应具备与飞机仪表相同的三维景深，从主要操作人员的位置观察模拟机仪表时，应复现于观察飞机仪表时相同的外观。模拟机仪表显示的图像应复现因观察角度和视差所导致的仪表读数不准确度。共用仪表上的观察角度误差和视差应最下化，如发动机显示和备用指示器等。

因此，未来仿真仪表为了显示视觉上的误差，将势必由机械式仪表来代替。

3）图形仿真传统航空仪表的实现

目前常用的图形化驾驶舱开发工具主要采用 GL Studio 软件、VAPS 软件、GDI 图形函数和 OpenGL 图形库。GL Studio 在开发传统飞机驾驶舱上效率较高，但对于复杂图像的开发有一定的局限性；GDI 图形函数简单易用，但占有CPU 时间较多，不能高效实时交互；VAPS 软件使用范围较小。

下面以采用 OpenGL 开发飞机驾驶舱图形式仪表为例，介绍仿真仪表的系统设计。采用 OpenGL 图形库技术，开发出实时交互式图形化的仿真仪表。对于图形仿真机械式仪表，采用对仪表位图的旋转、位移等进行仿真；对于现代客机的平板式显示器，需要通过线段、曲线、文字等矢量信息进行仿真。

仪表图形仿真模块用于实时绘制显示图形化的仪表，接受模拟主程序发来的驱动数据包，驱动仪表进行相应指示。为保证系统的实时显示、降低 CPU使用率，高效的反锯齿使用 OpenGL 图形库，整个模块使用了 OpenGL 纹理技术、正交投影、深度缓冲、融合和图形的旋转、位移、缩放等技术。全部仪表的绘制平均时间≤3 ms。

仪表图形仿真模块屏幕显示截图如图 3-7 所示，一共有 8 个仪表，编号数字 1 至数字 8 分别为 1—发动机转速和旋翼转速表；2—空速表；3—地平仪；4—气压高度表；5—进气压力表；6—转弯、侧滑仪；7—HIS 水平状态指示仪；8—升降速度表。

图 3-7　仪表图形仿真模块屏幕显示截图

（1）仪表图形仿真合成显示原理。

仪表图形仿真的实现方法本质上就是对一组图片或图形元素（直线、矩形、椭圆、多边形）进行位移或旋转，在需要的位置输出适当的文字。

如图 3-8 所示一个转弯测滑仪的图片资源，它包括仪表背景图片，仪表可动部分（小直升机、测滑小球、警告旗等）图片。仪表图形仿真模块首先载入所有图片资源，开启 OpenGL 图形库的透明测试和深度测试，绘制仪表背景图片，再根据遮挡关系绘制仪表转动、指示部分，并根据主程序模块发来的直升机转弯率设定飞机的倾斜角度并显示，根据设定的测滑率，设定测滑小球相对其自身零点的位置偏移量并显示。最终程序合成显示的转弯测滑仪如图 3-9 所示。因仿真舱体配置实物表圈，因此仪表的外表壳不用绘制。对于虚拟程序训练器 VPT，使用触摸显示屏模拟驾驶舱，则需要在位图中添加表圈图片，绘制表圈，增加模拟驾驶舱逼真度。

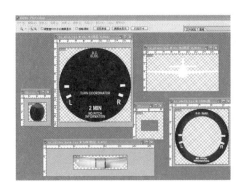

图 3-8　转弯测滑仪的图片资源

图 3-9　仪表图形仿真模块合成显示的弯测滑仪

（2）仪表图形仿真模块开发流程。

仪表图形仿真模块的开发包括两种类型的工作：一是准备各个仪表、信号灯、开关、面板等的照片或图片文件资源；二是程序的编写，这包括图形界面和仪表内部逻辑的编程。

（3）仪表图形资源的制作。

仪表图形资料的准备工作，需要搜集飞机仪表面板相关图片、书籍资料，对驾驶舱拍照。图片的编辑工作主要采用 Photoshop 图形软件来完成，实现过程依靠具有一定美术基础的人员使用一定的图形编辑技巧对拍摄的照片、驾驶舱挂图进行数字化处理，编辑生成适合仪表图形仿真模块开发的图片文件，这包括仪表背景、指针、警告旗等图片资源。

（4）仪表图形仿真模块的编程实现。

对仪表、开关等设备采用 C++类编程来实现，每个仪表由一个类来负责。将所有仪表作为一个成员变量定义在 cPanel 类中。仪表类统一使用 cInst 开头。

仪表图形仿真模块的功能是按飞行仿真模块提供的数据实时绘制并显示，接受主程序发来的数据，驱动仪表，对于刻度盘非线性的仪表，进行一维插值仪表指示校正。

cInstObject 是所有仪表类的基类，它定义了仪表需要的主要成员变量和成员函数，对所有继承的仪表类统一仪表接口。因每块仪表的图形资源文件都不相同，最后显示方式也有旋转类指针仪表，使用位移来显示的仪表。cInstObject 类中定义了两个纯虚函数 Init（ ）初始化函数和 Render（ ）仪表绘制函数。要求对其派生的仪表必须定义自己初始化函数和仪表绘制函数。

cCalObject 类负责仪表指示的线性校正，需要线性校正的仪表，对其进行继承。cInstObject 类和 cCalObject 类定义主要接口定义代码如下：

```
class cInstObject    //仪表图形仿真模块的基类
{
public:
    cInstObject();
    virtual ~cInstObject();
    virtual bool Init()=0; //纯虚初始化函数，每个派生仪表必定义的初始化函数
    virtual Render()=0; //绘制仪表函数
    void SetCenter( float x, float y); //设定仪表中心位置函数
    void Update( int x, int y, int status ); //输入鼠标状态
    void SetFlag( bool status );// 故障旗显示函数
    void DrawNeddle(float angle); //绘制仪表指针

    … …
protected:
    AirTexture Tex;//仪表的纹理
    float m_x, m_y;      //仪表的中心

    … …
};

class cCalObject    //仪表指示线性校正类，负责仪表的指示的校准
```

```
{
public:
    cCalObject();
    virtual ~cCalObject();
    float CalAngle( float ind ); //计算仪表指示的线性转动角度
    void SetCalTable(float *cal, float *ind, int number );//初始化仪表指示和指
针转动角度
    … …
};
```

一个空速表与基类间关系如图 3-10 所示。

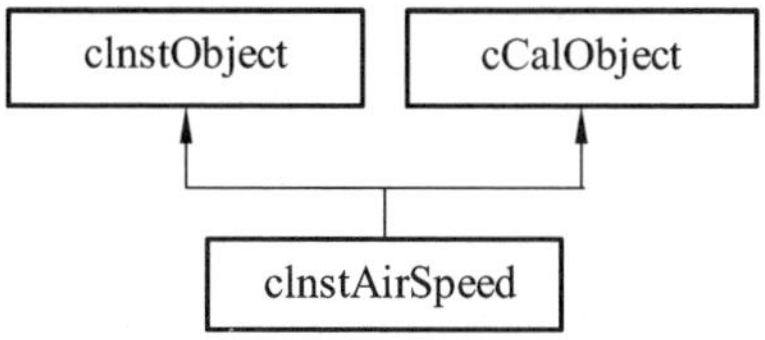

图 3-10　空速表的派生关系

空速表指示与空气的相对速度，仪表右下方的调节钮可调整真空速度刻度盘上指示数值获得精确真空速。由于刻度盘的非线性需要对显示做线性校正。空速表实现定义在 cInstAirSpeed 类中，该类对 cInstObject 仪表图形仿真模块基类和 cCalObject 仪表非线性指示校正类进行了继承。

空速表的实现主要代码如下，其他仪表编程方法与之类同。

```
class cInstAirSpeed    :public cInstObject, cCalObject //空速表
{
public:
    cInstAirSpeed();
    virtual ~cInstAirSpeed();
    virtual bool Init();//初始化函数
    void Update( float speed ); //更新仪表指示速度
    virtual Render();//绘制仪表函数
    … …
protected:
    float m_fSpeed;
    float m_fCalTable;
```

```
    float m_fIndTable;
    int m_iTotal;
    … …
};
//仪表初始化代码
bool cInstAirSpeed::Init() //初始化仪表
{
    SetCenter( 208, 293 ); //设置仪表中心
    SetCalTable(m_fCalTable, m_fIndTable, m_iTotal ); //初始化仪表线性校正
数据//装入空速表指针图片，R=20,G=20,B=20 的颜色分量构造图形 Alpha 通道
    if ( !TexHandle.Load2DTextureA("data//airspeed_neddle.gzb", 20, 20, 20) )
        return false;
    return true;
}
cInstAirSpeed::Render() //仪表实时绘制代码
{
    DrawNeddle(CalAngle(m_fSpeed)); //对速度指示进行线性校正，并绘制仪表
}
cInstAirSpeed::Update( float speed )//更新仪表显示数值
{
    m_fSpeed = speed;
}
```

4）平板式仪表仿真程序实现原理

为了快速方便绘制飞机平面式显示仪表，在利用 OpenGL 绘制基本图形的基础上，利用循环和三角函数计算编写弧线、带标记弧线段、填充实心扇形区域和带纹理矩形区域等绘制基本图元函数，弥补 OpenGL 基本指令在绘制平面仪表上的局限。

在绘制仪表显示图中，为了体现层次关系，利用图形遮挡方法，如果位于底层的图像不能被前一层的图像完全遮挡，可以开启 OpenGL 中的功能函数void glScissor，能将后面的物体裁剪到前面物体可以遮挡到的大小尺寸。利用glEnable（GL SCISSOR TEST）和 glDisable（GL_SCISSOR_TEST）函数按需要开启和关闭其裁减功能。

在仪表图像绘制中，利用 OpenGL 图形库中提供的贴图功能（将位图作为

纹理贴附于多边形上的技术），真实再现仪表上较为复杂的图像。

电子仪表系统是新一代飞机广泛采用的，取代传统仪表的技术。电子仪表系统由主飞行显示仪表（PFD）、导航显示仪表（ND）和发动机参数仪表构成。每个仪表都包含多种功能，是传统机械式仪表座舱多个仪表设备的组合。对于这类仪表的开发，采用 C++面向对象的方法，设计具有层次关系的多个类，顶层类管理底层类，最底层的类使用 OpenGL 指令负责具体图形的绘制[1]。各种平板显示仪表开发过程类似现以 PFD 仪表开发为例。PFD 仪表包含的多个飞机仪表功能，如图 3-11 所示。

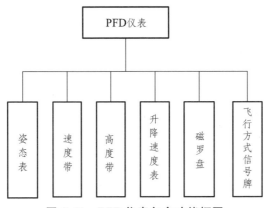

图 3-11　PFD 仪表包含功能框图

首先定义 airplane_PFD 类，它包含下列成员、属性和函数。

公有成员：

void	Int（）; //初始化
void	Render（）; //绘制图形
void	SetTCASPitchUP(float angle，bool bDisplayFlag);
	//用于设定 TCAS 警告提示爬升信息
void	SetTCASPitchDOWN(float angle，bool bDisplayFlag);
	//用于设定 TCAS 警告提示下降信息

公有属性：

airplane_PFD_ADI	NGADI;	// PFD 中的姿态仪
airplane_PFD_SpeedTape	NGPFDSpeedTape;	// PFD 中的速度带
airplane_PFD_Altitude	NGPFDAltitude;	//PFD 中的高度带
airplane_PFD_MAG	NGPFDMAG;	// PFD 中的磁罗盘

airplane_PFD_VSI	NGPFDVSI;	//PFD 中的升降速度带
airplane_PFD_Sign	NGPFDSign;	// PFD 中的符号
BOOL	m bDisFrame;	// 是否绘制仪表边框

　　开发中为实现多种复杂仪表功能和条理清晰地进行仪表图形绘制，将 PFD 仪表包括的姿态仪、速度表、高度表、磁罗盘、升降速度表和警告符号等分别设计成相关的仪表类。这些类以实体方式出现在 PFD 类中。程序设计时各个仪表类中对仪表专有功能进行进一步细化和分类，逐项实现。

　　例如 PFD 仪表中的姿态仪 airplane_PFD_ADI 类，它又包含下列成员、属性和函数。

　　公有成员：

Void　　　Init(); //初始化

void　　　Render(); //绘制图形

void　　　Update(float Pitch，float Bank) ; //设置俯仰和横滚角度

void　　　UpdatePiteh(float Pitch) ; //设置俯仰角

void　　　UpdateBank(float Bank) ; //设置横滚角

void　　　UpdateHVGlide(float h，float v) ; //设置航道偏离和下滑道偏离

void　　　SetHVDisplay(bool hstatus，bool vstatus) ; //设置航道和下滑道是否显示

void　　　SetBankPointerYellow(bool status) ; //设置 BANK Pointer 的颜色

void　　　SetSliderPos(float pos) ; //侧滑仪的位置

void　　　SetHVDisplay(bool hstatus，bool vstatus) ; //设置航道和下滑道是否显示

保护成员：

void DrawDirector (); //绘制八字指令杆

void DrawSplit (); //绘制 8 字固定指示

void DrawCross (); //绘制地平仪十字架中间的标志

void DrawEarth(); //绘制地平仪的天地线和刻度

void DrawPitchMark(); //绘制地平仪俯仰的刻度线

void DrawPitchNurnber (); //绘制地平仪俯仰的数字

void DrawBankAngleMark(); //绘制地平仪的 BANK ANGLE 的刻度

void DrawBankAngleNeddle(); //绘制地平仪的 BANK ANGLE 的指针

void DrawPitchAngleWam (); //绘制黄色的俯仰角度预警

void DrawVGlide (); //下滑道游标

void DrawHGlide (); //水平游标

void DrawCross (); //绘制地平仪十字架中间的标志

void DrawEarth (); //绘制地平仪的天地线和刻度

void DrawPitchMark(); //绘制地平仪俯仰的刻度线

void DrawPitchNumber (); //绘制地平仪俯仰的数字

void DrawBankAngleMark(); //绘制地平仪的 BANK ANGLE 的刻度

void DrawBankAngleNeddle (); //绘制地平仪的 BANK ANGLE 的指针

void DrawPitehAngleWarn(); //绘制黄色的俯仰角度预警

void DrawVGlide(); //下滑道游标

void DrawHGlide(); //水平游标

共有成员用于实现仪表的初始化、设置参数、绘制仪表。保护成员函数中调用 OpenGL 绘图指令绘制模拟仪表的各种图形。程序运行时首先调用 Init() 函数对 airplan_PFD_ADI 类初始化，生成矢量字体。以后程序在每个循环中调用 Render()函数。Render 函数中调用相关的图形绘制函数绘制整个地平仪。Render()函数主要代码如下：

```
void airplan_PFD_ADI::Render()
{
        DrawSplit(); //绘制八字小飞机符号
        DrawEarth(); //绘制天地线
        DrawPitchMark(); //绘制坡度标记线
        DrawPitchNumber(); //绘制坡度数字
        DrawBankAngleMark(); //绘制 BankAngle 标记线
        DrawBankAngleNeddle(); //绘制 BankAngle 指针
        DrawVGlide(); //绘制垂直下滑道
        DrawHGlide(); //绘制水平航道杆
}
```

Render()函数中调用的各个成员函数使用 OpcnGL 指令绘制仪表图形，如 DrawEarth()函数用来绘制天地线，包括黄色的地面和蓝色的天空，主要代码如下：

```
void airplan_PFD_ADI::DrawEarth()
{
   Begin(); //开始绘制
        Translatef(346.0f,570.0f-182.0f-2.of,0.0f) ; //选定图形绘制起始点
        glRotatef(angBank,0.0.0.0,1.0f) ; //设定横滚角度
//下面的代码绘制黄色方块代表的地面
glColor3f(O.85f,0.6f0.2f) ; //指定颜色为黄色
```

```
glPushMatrix(); //保存矩阵
    glTranslatef(0.0f,182*5+angPitch/1.0f,0.Of) ; //设定坡度
    FillReet(-276,182.0f*5,276.of,-182.0f*5,Z-0.05f) ; //绘制方块
glPopMatrix(); //恢复矩阵
//下面的代码绘制兰色方块代表的天空
glColor3f(O.18f,0.50f,0.772f) ; //指定颜色为蓝色
    glPushMatrix(); //保存矩阵
        glTranslatef(0.0f,-182.0f*5+angPitch/1.0f,O.0f) ; //设定坡度
        FillRect(-276,182.0f*5,276.of,-182.0f*5,z-0.05f) ; //绘制方块
    glPopMatrix(); //恢复矩阵
End(); //结束绘制
}
```

　　下面是仪表程序调用示意代码：

　　panel.NGPFD.NGADI.Update（pitch_angle，bank_angle）；//用于设定 PFD 中的姿态仪的横滚角度和俯仰坡度。

　　panel.NGPFD.NGADI.UpdateHVGlide（h_glide.v_glide）；//用于设定 PFD 中的姿态仪的水平偏航和垂直导航偏差。

　　最终仿真的 PFD 如图 3-12 所示。

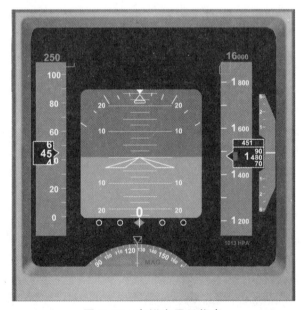

图 3-12　虚拟主显示仪表

2. 机械式仿真航空仪表

机械式仿真仪表，一般指需要机械装置驱动的航空仪表。机械式航空仿真仪表，采用数字信号处理器、步进电机以及外围电路实现仪表的仿真显示。像备用地平仪、水平状态指示仪、空速表、电压表都可以成为机械式仿真仪表。机械式航空仪表通常分为两类：一类是非指针式仪表，如地平仪、水平状态指示仪；另一类是指针式仪表，如空速表、电压表等。如图 3-13 所示机械式仿真地平仪外观和内部机构图，其指示由多组带位置反馈的减速电机驱动。如图 3-14 所示指针式 EGT 表，其指示由一个正交同步电机驱动。

图 3-13　机械式仿真地平仪

图 3-14　指针式 EGT 表

指针类航空仪表应用最为广泛，数量较多。并且指针式仪表可以通过更改表盘，快速实现改装为同系列的其他仪表[2]。机械式仪表设计中的关键部件为步进式电机，步进电机可以将电脉冲信号转换为角位移或者线位移输出，用来驱动连接的执行元件[3]（如仪表指针）。控制步进电机的转动角度，来控制角位移输出值。当脉冲信号的频率太快，步进电机会产生"丢步"现象，需要电机驱动器进行控制。电机驱动器发出方向指令和脉动指令给电机，驱动执行元件指针。此外，执行元件会给电机驱动器反馈信号，进而呈现理想的输出值。步进电机类指示器，需要回零，对于 360°旋转的仪表，可以采用光电传感器检测零位的方法；转动角度低于 360°的仪表，可采用驱动指针回零位，碰撞阻挡指针的止位卡销的方法回零位。

指针式仪表的指针可旋转范围通常接近 360°。下面以氧气压力表为例，讲述仿真设计原理。

（1）机械式仪表实例。

由于真实飞机上的氧气压力指示仪表是根据真实飞机上的氧气系统的供给量完成显示的。氧气压力指示仪表的飞机真件不能直接用在模拟机上。模拟机上的氧气压力指示仪表必须是仿真件。

（2）设计框图。

分析某机型飞机氧气指示仪表工作状态，仪表指示在 0°～300°转动，最小刻度 1°，表内有黄光照明。

仪表设计的原理：仿真仪表设计采用微型步进电机驱动仪表，获得合适的指示。由于步进电机是在脉冲作用下进行转动，采用反相器实现连续工作。步进电机的工作电流较大，前一级接入驱动电路。并用数字信号处理器进行信号采集处理，通过接口电路与飞行控制主计算机连接。仪表的复位及零位检测采用光电传感器，工作原理如图 3-15 所示。

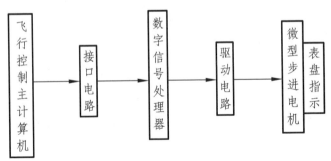

图 3-15　仪表指示器的驱动电路及软件实现

（3）设计电路图。

仿真电路的具体实现如图 3-16 所示，仪表的内部驱动电路由双线圈的电机驱动，指示仪表由 DC±15 V 电源驱动，放大器将信号放大，驱动步进电机，电机带动指示器的指针转动。当正弦信号为 0，余弦信号为最大值 10 V 时，仪表处于指示的零位。二极管和电容组成保护电路，以防止无意中错误连接电源电压而可能对仪器造成损坏。

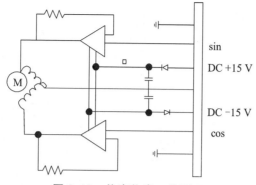

图 3-16 仿真仪表工作原理

（4）设计角度计算。

由于仪表的刻度非线性分布，表盘非线性分布，需要将电压输入值转化为 D/A 的模拟值进行输出，使仪表指针显示到合适的刻度。在仪表设计过程中，分析了 10 位数据和 12 位数据的仪表显示精度，一般 12 位数据的显示精度可以满足绝大多数的仪表显示需求。对于 10 位数据，范围从 0 到 1 023，对于 12 位数据，范围从 0 到 4 095。本书采用 12 位。表 3-1 所示计算得到的旋转角度与输入电压值和 D/A 输入量之间的对应关系。

表 3-1 旋转角度、输入电压值和 D/A 输入量之间的对应关系

仪表指针旋转角度/(°)	输入电压值/V	D/A 输入电压值/V
0	0	10
30	5	8.6
60	8.6	5
90	10	0
120	8.6	− 5
150	5	− 8.6
180	0	− 10
210	− 5	− 8.6
240	− 8.6	− 5
270	− 10	0
300	− 8.6	5
330	− 5	8.6
360	0	10

（5）设计软件构架。

当仿真仪表有外部电源输入时，系统开始进行自检，指针指示到初始位置[4]，等待接口电路传送的数据，根据传送的数据判断是否要有转动，如果步进数大于1，电机开始转动，完成一次转动后，电机等待下一次串口数据，如此循环。软件流程如图3-17所示。

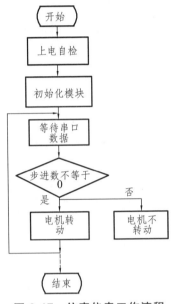

图 3-17　仿真仪表工作流程

（6）机械式仪表校准。

模拟机维护手册中要求每 12 个月对机械式仿真仪表进行校准，此外在怀疑指示有误差的时候也必须进行校准。机械式仪表产生误差的原因有多个，例如，重力作用，指针受重力影响，会产生指示误差；指针在转动过程中，每一点的力矩不一样，也会产生指示误差；合成电机的线圈不均匀，也会使得电机驱动仪表指针时产生误差。

（7）仪表的校准原则。

模拟机维护人员对仪表校准，一般在校准文档实施。对校准文档中的数值进行改变，从而改变仪表指针的指示。仪表校准遵循的原则：一是对校准曲线上异常变化的点进行校准；二是观察仪表指示范围，仪表指示的最大值和最小值必须在仪表指示范围内。

3. 仪表传输延迟测试

根据民航 CCAR-60 部法规要求，飞行训练器的仪表显示延迟时间需小于 300 ms，全动飞行模拟仪表显示延迟时间需小于 150 ms（最新咨询通告为 100 ms）。仪表的传输延迟是通过连接在某一块或者多块虚拟仪表显示器的光电传感器进行测量[5]。光电传感器的接口一样采用 I/O 系统连接。

光电传感器是通过把光强度的变化转化成电信号的变化来实现控制。光电传感器中的光敏电阻在没有光信号的时候阻值最大，当有光信号传输时，阻值减小，有电信号传输。如图 3-18 所示为使用光电传感器通过检测测试时仪表亮度变化记录仪表响应。对于测试机械式仿真仪表可以将该光电传感器去除，将机械式仪表位置反馈电位器输出接电路中光电传感器端。如图 3-19 所示为仪表传输延迟测试光电传感器套件。

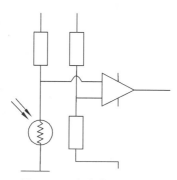

图 3-18　光电传感器工作

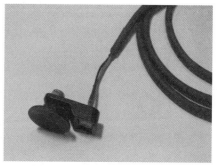

图 3-19　光电传感器套件

如图 3-20 所示，某飞行模拟机方向舵输入时，传输延迟测试结果，可见仪表响应时间为 118 ms，该结果满足原 CCAR-60 部规定，但低于最新飞行模拟机咨询通告要求。

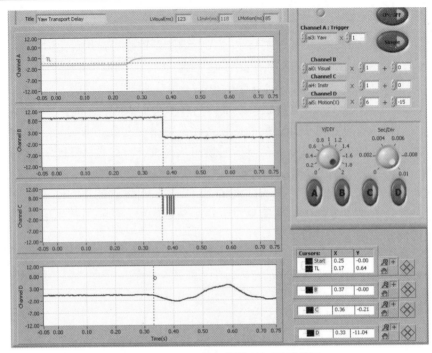

图 3-20 YAW 响应传输延迟测试结果

参考文献

[1] 陈又军. 基于 OpenGL 的飞机安全警告系统仿真实现[D]. 成都：电子科技大学，2009.

[2] 陈又军. 飞行模拟机指针式仪表研制[J]. 科技资讯，2011(21):31-33.

[3] 肖志坚. 飞行模拟机仿真地平仪的设计[J]. 微特电机，2013，41(9):33-34.

[4] 肖志坚. 波音 737-NG 模拟机双指针指示器设计[J]. 自动化仪表，2012，33(12):74-76.

[5] MECHTRONIX. Maintenance manual CJ1 FFT for CAFUC[S]. Mechtronix，2013.

4　接口系统

4.1　引　言

　　飞行模拟设备接口系统是连接计算机主机与模拟飞机驾驶舱设备的唯一通路，飞行驾驶舱内的所有航电设备都通过它与计算机进行交互。驾驶舱中的每一块仪表，每一个指示灯、信号牌都由它按计算机指令驱动。接口系统通常由模拟信号、数字信号、各种串行接口信号组成。模拟量输入接口负责完成驾驶员操纵油门杆、方向舵配平等模拟量信号的采集，并转换为计算机可以处理的数字量。模拟量输出接口负责将计算机产生的数字信号转换为模拟执行驱动部件需要的模拟信号，如驱动飞行模拟机仪表、自动油门等。开关量输入接口负责将各种座舱开关和教员台硬件开关等的离散信号采集传送给计算机。开关量输出接口负责将计算机产生的开关量信号锁存后，经电平电压转换放大驱动座舱的各种信号指示灯、数码显示器件等。甚高频导航通信控制器等采用RS232串行接口，需按照相应的数据通信协议，进行数据交换。

　　因此要将仿真飞行驾驶舱与仿真计算机连接起来，需要解决接口系统设计、通信协议的构建、多种接口、多种设备的连接，只有成功地将模拟飞行驾驶舱与仿真计算机连接起来，才能将人加入其中，这是实现人在回路中的闭环仿真人机接口的关键。综上所述，接口系统是模拟驾驶舱和计算机主机之间的桥梁，在飞行仿真中有举足轻重的地位。

4.2　常见的飞行模拟设备接口系统

　　国内外相关飞行模拟机训练器厂商主要接口产品有

　　（1）采用基于 VME 总线 Motorola 的小型机，接口电路直接对 VME16 位总线选址、译码，并接收 CPU 发来的各种操作指令组，最后将 5 V 的计算机数字信号放大成 ±15 V 的差分信号传送给座舱内的接口板，其本质是一种加长的并行本地总线，其同步时钟为 2 MHz，每秒 30 帧，每帧传送 2 k 字节数据。该系统电路复杂，通过该模拟机近 10 年的使用来看，系统故障率高，数据传送误码率较高，维修时间长和维修费用较高。

（2）以往基于以太网结构的接口系统，DMC-16 板负责接收主机发来的接口信号，并驱动接口套架上的接口电路板。使用的 RS/6000 主机需安装专用实时网卡，主机通过网络与接口系统联系，其理论带宽小于 1 M 字节，线路极其复杂，长期工作稳定性高，系统故障率低，但板卡价格昂贵。

（3）采用以太网接口与 RS232 接口相结合的接口系统，其中 RS232 接口负责与航电设备通信，如：仿真 CDU、甚高频通信面板等。

（4）较新的模拟机计算机主机已经改用 PC，接口系统与主机通过 USB 和1394 接口电路连接。

（5）模拟机采用 CANBUS 作为系统总线，该总线起源于汽车工业，在中高档汽车中广泛采用，其本意是提供一种智能、可靠、易于扩充的工业用系统总线。由于该总线带宽有限，模拟机采用 500 K 波特率通信，单通道数据传送量不大于 50 k 字节，不能满足大中型飞机系统设备多，通信数据量大的要求。为此在软件设计上采用数据帧比较方式，通常仅传送更新数据，降低数据传输量，同时采用 4 个 CANBUS 通道进行数据传输，数据传输总带宽接近 200 k字节。

（6）一些小型飞行训练设备因数据通信量少，传送距离近，主机基于 X86 PC构架，接口卡常采用工控 PCI 或 ISA 接口电路板，如 PCI 的开关信号输入、输出板，或模拟信号采集、模数转换输出板。

（7）针对固定飞行训练器驾驶舱设备繁杂，数据交换格式复杂的情况，采用通用工业串行总线标准，开发相应的专用仿真设备驱动接口。串行总线标准应能满足数据传输速率、更新率，具备一定的数据抗干扰能力。选用当今流行的 USB 总线技术。

（8）很多飞行模拟机仪表采用的是飞机真件，因此它们的接口也采用的是真飞机上使用的 ARINC429 总线，ARINC429 总线协议是美国航空电子工程委员会于 1977 年 7 月提出，并获得批准使用。它的全称是数字式信息传输系统（DITS）。协议标准规定了航空电子设备及有关系统间的数字信息传输要求。ARINC429 广泛应用在先进的民航客机中，如 B737、B757、B767 等，俄制军用飞机也选用了类似的技术。

下面主要以 CAN 总线、USB 总线和 ARINC429 总线为模拟设备的接口系统具体说明。

1. CAN 总线接口系统

CAN（Controller Area Network）即控制器局域网络，属于工业现场总线的范畴。飞行模拟机 CAN 总线接口系统的功能与真飞机各控制系统功能相当，与一般的通信总线相比，数据通信具有更突出的可靠性、实时性和灵活性的特点。

飞行模拟机 CAN 总线接口系统的研制成功可为模拟机制造商设计各型号飞行模拟机提供响应速度更快、更实时可靠的模拟机接口系统，也可为目前技术较为落后的飞行模拟机接口系统的升级改造提供强有力的技术支持。

1）CAN 总线接口系统设计的工作原理

在飞行模拟机中，驾驶员从模拟机座舱的各种控制面板上输入一个信号，这个信号将被传递给主计算机，信号经过主计算机的处理之后又会被传递出去。而此时信号将会通过所有的通道进行传播。也就是说所有的 CAN 节点都会接收到信号，然后各节点根据各自的权限判断是否是自己的信号，如果是自己信号就取过来用，如果不是自己的，就不用管它。从图 4-1 中就可以很直观地看到信号传递过程都是双向的[1]。

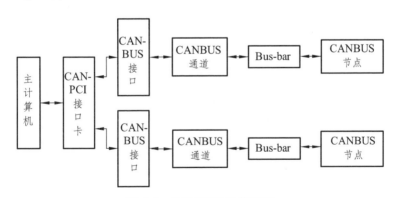

图 4-1　CANBUS 工作原理

由于主计算机用的是 PCI 总线，要实现 CAN 总线进行传递，就需要将总线接口进行转化。为此，在飞行模拟机的主计算机中使用的是 CAN-PCI/331-2 型号的接口卡，如图 4-2 所示。该卡将一个 PCI 接口转化成两个 CAN 总线的接口。

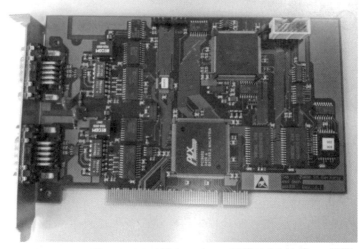

图 4-2 CAN-PCI/331-2 接口卡

飞行模拟机中使用两块 CAN-PCI 接口卡，这就形成了四个 CAN 通道，每一个 CAN 通道可以根据情况扩展成 N 个 Bus-bar，而一个 Bus-bar 有四个 CANBUS 节点，每一个节点都可以直接和输入输出设备相连，用于检测模拟机中各种开关、指示灯、按键和仪表等设备的状态。所有的 CANBUS 通道都有相同的结构。CANBUS 通道的一般形式如图 4-3 所示。

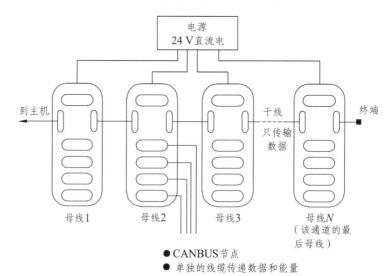

图 4-3 CANBUS 通道结构

CANBUS 网络也称为 CANBUS 通道,每一条 CANBUS 通道都是由一个菊花链干线组成的一个网络,其中每一个菊花链都靠近于它所控制的 I/O 设备。通过这些网络在仿真主计算机与一条或多条驾驶舱内的 CANBUS 母线之间进行数据传输。每条母线可容纳四条下拉线,其中每个单独的 CANBUS 节点能同时传递数据、能量与终止指令。

每个 CANBUS 的节点包含有一个节点控制器,该控制器管理着的多个本地的输入与输出。通常情况下,一个单独的节点控制器能够为模拟机座舱里的一个独立面板上的所有 I/O 设备提供接口。最典型的例子就是去管理一个单一的飞机面板的通信,且控制器直接安装在该面板上。因此每一条下拉线需要一条单独的线缆进行数据以及能量的传输。

2)CANBUS 节点硬件组成

所有的 CANBUS 节点都有相同的结构。CANBUS 节点的一般形式如图 4-4 所示。

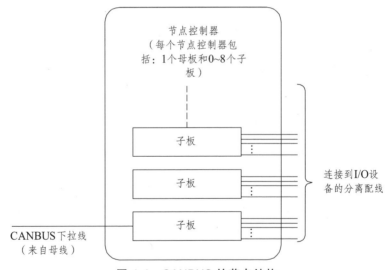

图 4-4 CANBUS 的节点结构

一个最小的节点控制器由一个单独的电路板组成。如果 I/O 电路板不能全部连接所有的 I/O 设备,这个节点则可以发挥更多的作用,为此,一个或更多的子板可以搭在主板上。而每一个主板和子板都能很稳定地工作在各自连接的 I/O 设备上。为实现各种数字模拟量的输入输出,CANBUS 节点控制器分为三种母板类型:常规母板(见图 4-5)、带模拟量的母板和仪表驱动板。

图 4-5　常规母板

常规母板与带模拟量的母板的区别如表 4-1 所示。

表 4-1　常规母板与带模拟量的母板

常规母板	带模拟量的母板
16 位的模拟输入（12 位）	8 位的模拟输入（12 位）
8 位译码输入（A/B 型）	4 位译码输入（A/B 型）
没有模拟输出以及没有无刷式中继器	16 位的模拟输出或 4 个无刷式中继器

仪表驱动板是一种特殊的母板，它没有子板。仪表驱动板对于一些航空电子仪表来说被作为节点控制器使用。它为这些航空电子设备提供符合 3-ATI 航空电子设备标准的模拟输出。

而子板主要用来对数字输入、输出的扩展，以满足模拟机座舱控制面板中更多功能的实现。

3）通信机制设置

在飞行模拟机 CAN 总线接口系统中，各种数据都需要进行实时处理，于是通过网络交换的紧急报文优先级存在很大的不同：一个迅速改变的值，如飞机发动机负载，它必须频繁地进行传送且要求延迟比其他的值如发动机温度要小。发送的报文都要和其他的不太紧急的报文进行优先级的比较，在系统设计中，报文的优先级体现在写入报文确认区的二进制值，这些值不能被动态地改变。确认区中的值越小，其报文的优先级越高（也就是 0 比 1 的优先级高）。因此飞行控制中涉及发动机和飞行数据参数的报文优先级更高，而一些开关控制变量,如灯光控制等报文的优先级相对较低。

每一个 CANBUS 节点控制器必须有一个节点地址,以便用来区别与它同时共用同一条 CANBUS 通道的其他节点控制器。每一个节点控制器的地址通过软件进行设置,并储存在具有稳定记忆的母板上。

每一个子板都要求有个标识符用来区别与它共用于同一块母板的其他子板。通用数据输入/输出的子板有一个固定的标识符 3,山顶形接口的子板有个特定的标识符 6。至于其他类型的子板,它们的标识符可以通过子板上的旋转开关设定任何 0 ~ 7 的值。

2. 采用 USB 总线的接口系统

随着计算机的硬件和软件的进步,传统的 ISA、PCI 并行接口电路已经与时代落伍。通用串行总线 USB(Universal Serial Bus)接口作为新一代总线接口标准。作为一种 PC 机与外设之间的高速通信接口,USB 具有接口灵活、可热插拔、一种接口适合多种设备、速度高(USB1.1 协议支持 12 Mb/s,USB2.0协议支持 480 Mb/s,USB3.0 协议支持 5 Gb/s)、自动配置、无须定位、可为外设提供 5 V 及 500 mA 电源,低功耗、低成本、高可靠,以及可以级联多达 127个外部设备等优点,因而在便携式存储设备、数码相机等产品中被广泛地应用。模拟机通用 IO 接口电路,如数字输入 DI(Digital In)、数字输出 DO(Digital Out)、模拟输入 AI(Analog Input)、模拟输出 AO(Analog Output)等,如采用 USB 接口开发可有效简化电路结构,降低开发和使用成本,提高产品的通用性、可靠性,是世界新型飞行模拟机研制发展的潮流。

基于 USB,采用母板驱动子板的工作方式。实际设计中大量采用计算机辅助设计技术,USB 接口母板核心采用了数字信号处理器,该处理器集成了全速USB 2.0 接口引擎,可提供最大 12 Mb/S 的传输速率。该处理器的结构简单,外围芯片少,工作可靠程度高。通过置入用户编写的不同固件可虚拟成串口、并口、闪存、网卡、键盘、鼠标和人机接口等设备,并采用交互实时性较好、数据传输率适中的人机接口设备 HID(Human Interface Device)作为接口协议。

该接口系统,包括两套 USB-IO 套板,具备 28 路开关量输入、31 路开关量输出、10 路 10 位 AD 输入,模拟驾驶舱内的开关、信号指示灯和油门杆、变距杆等由它连接驱动;一套 USB-EC 套板,可解读 14 路 A/B 增量编码器,编码高度表气压选择,水平状态指示仪旋钮等由它解码并送计算机;一套USB-DA16 套板,具备 16 路,12 位 DA 输出板,备用磁罗盘、发动机转数表、MF 表都由它驱动。

作为现代模拟设备的接口系统，应选取速度快、传输可靠性高、故障率低的总线系统，这样可以大大简化了模拟设备的系统总线结构，减轻了维修者的负担，同时降低了维修成本。

3. 采用 ARINC429 总线接口系统

ARINC429 总线，它的全称为"数字化信息传输系统（DITS）"。符合这一规范要求的总线为 ARINC429 总线，该总线是航空电子总线的一种，因具有接口方便、数据传输可靠等特点，现已成为航空领域应用最广泛的航空电子总线。它将飞机的各系统之间或系统与设备之间通过双绞线互相连接起来，是各系统之间或系统和设备之间数字信息传输的主要路径，是飞机上的神经网络，现在已经发展成为航空领域的工业标准。

ARINC429 总线为串行通信总线，32 位或者 25 位数据为一个数据字，这可以通过控制字来设置。传输过程中利用一对屏蔽双绞线向其他设备传输串行数字信息。ARINC429 总线规范规定，数据传输采用单工传播方式，即一条总线上只能实现从发送设备向接收设备的单向传输，且其中只能有一个发送设备，至多可以有 20 个接收设备。如果想实现设备之间数据的双向传输，则需要在每一个传输方向上各用一根独立的数据总线电缆。另外对总线电缆长度也没有明确的规定，其长度主要取决于总线上发送设备和接收设备数量的多少。一般情况下，ARINC429 数据总线的电缆长度在 53 m 以下。ARINC429 总线数据传输速率与提供的外部时钟有关，一般使用两种，即高传输率 100 kbps 和低传输率 12.5 kbps，使用时通过设置控制字来选择数据传输速率。在传输过程中，数据是以电脉冲的形式传送出去的，1 个电脉冲代表一位 429 总线数据。电脉冲的电平分为三种，即高电平（+10 V）、低电平（－10 V）和中电平（0V）。高电平为逻辑 1，低电平为逻辑 0，中电平为自身的时钟脉冲，按这种工作方式传送的数据即为双极归零码。其中一个数据字代表一个参数，如力矩、速度等，一两个数据字之间有 4 个 0V 电平，被作为字同步使用，跟在这一间隔后传输的第一位，就表示下一个数据位的开始[2]。

ARINC429 总线收发控制板以 DSP 为核心控制单元，如图 4-6 所示，主要实现总线数据的读写，以 CPLD 为时序逻辑单元，用于控制 DSP 读写数据、USB 接口和串行接口传输数据，429 总线收发电路和 429 总线驱动电路用于完成 429 数据的发送和接收工作，USB 接口电路用于完成主计算机和 DSP 之间的通信，串行通信接口完成串行数据的发送与接收。系统总体框图如图 4-7 所示。

图 4-6 ARINC429 总线收发控制板

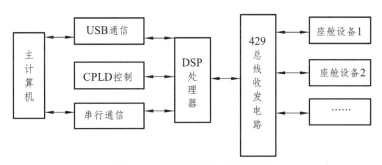

图 4-7 ARINC429 系统框图

系统工作流程：发送数据时，将待发送数据写入到相应的端口，DSP 读取该端口的值，并且经过 ARINC429 总线发送电路将数据发送到座舱相应设备；接收数据时，DSP 将接收到的座舱设备发出的数据写到相应的端口，端口读取数据并且将接收到的数据显示或者保存。

参考文献

[1] 肖志坚. 基于 CAN 总线的 A320 飞行模拟机接口系统设计[J]. 测控技术，2014(33):98-104.

[2] 郭跃云. 基于 DSP 的 ARINC429 总线收发系统设计[D]. 沈阳：东北大学，2010.

5　操纵负荷系统

5.1　引　言

　　操纵负荷系统是向飞行员提供模拟操纵系统感受力的仿真系统，是实现人在回路仿真的重要环节。操纵负荷系统仿真飞机操纵机构力回馈特性和动态特性，其仿真效果直接影响飞行员对模拟飞机的操纵，影响飞行训练和对飞行模拟机飞行品质的评价。如操纵力感觉与真实飞机操纵时的感觉接近，飞行员在训练中完成各种任务时就能获取正确的飞行经验，模拟飞机的飞行品质也能够被正确地评价；反之，将产生负面的训练效果，得到错误的飞行经历。

　　飞行模拟机、飞行训练器人感仿真系统都采用力伺服系统加载的仿真方法，力伺服系统加载常采用液压式和电动式。液压力伺服系统是一个成熟的系统，虽然功率大、快速性好、精度高，但系统复杂、成本高、能耗大、定期需更换液压油和液压管道、维护成本和工作量大。早期电动操纵负荷系统由于性能的限制，无法与液压操纵系统相匹敌，只用于仿真度较低的低等级小型固定飞行训练器。随着新型伺服电机和伺服控制器的出现，力矩电机性能有很大的提高，具有快速的频率响应能力，电动力伺服系统已具备功率大、快速性好、成本低、易于维护、使用方便等优点，已经成为新一代人感仿真系统的发展趋势[1-3]。

5.2　仿真软件介绍

1. Matlab 软件

　　Matlab 是与 Mathematics、Maple 和 MathCAD 拥有相似功能的一种商业化高端数学软件。在使用上，它们无法区别彼此之间的优劣，软件都拥有各自的特点。它们之间的区别在于处理数据计算过程采用不同方式，如矩阵计算，Matlab 善于处理矩阵运算。从使用上来讲，可以将这些软件理解为复杂的计算机化计算器。Matlab 不仅能替代计算机处理简单的数值运算，还包括大量科学计算公式的使用。目前，越来越多的用户在使用 Matlab 程序替换传统计算机编程[4, 5]。

虽然 Matlab 在数值计算，特别是矩阵运算上拥有明显的优势，但并不意味它是万能的，比如在文字处理程序中，Matlab 就有不足。Matlab 最基本的数据单位是矩阵，它的指令表达式与数学、工程中常用的形式相似，它在矩阵计算中做大量的优化，使其拥有快速的矩阵运算效率。它具有以下特点。

（1）丰富的库包及接口，能使用在多领域的研究，如控制系统，神经网络，图像处理等。

（2）强大丰富的工具箱，如通信工具箱、模型预测工具箱、信号处理工具箱等。

（3）与其他语言的交互式使用，如可支持 C、Fortran 及 Java 等高级语言。

（4）特殊的基本数据单位——矩阵，高效的数值运算及符号计算。

（5）移植性好，可跨平台使用。

（6）易于掌握、与人们的思维习惯相似。

Matlab 的强大功能已在多领域拥有大量的用户使用体验，为多领域的仿真验证工作做出很大的贡献。

2. Simulink 软件

Simulink 是 Matlab 的最重要的组件之一，它提供一个动态系统建模、仿真和综合分析的集成环境。在该环境中，无须大量书写程序，而只需要通过简单直观的鼠标操纵，即可构成出复杂的系统。Simulink 具有适应面广、结构和流程清晰及仿真精细、贴近实际、效率高、灵活等优点，已被广泛应用于控制理论和数字信号处理的复杂仿真和设计。它可以用连续采样时间、离散采样时间或两种混合的采样时间建模，也支持多速率系统，也就是系统中的不同部分具有不同的采样速率。为了创建动态系统模型，Simulink 提供一个建立模型方块图的图形用户接口，即提供了一种更快捷、直接明了的方式，让用户可立即看到系统的仿真结果。

而且 Simulink 中的 Simscape 模块，是一种物理级别的建模，可基于物理连接直接相连模块框图，建立物理组件模型。它也可通过基础组件，依照原理图装配，并提供更多复杂组件和分析功能。

根据 Simscape 模块物理连接特性，在与 Simulink 基础模块的数据交换时，由于两者的数据环境不同，需要通过数据环境转换器将两者的数据环境转换到一起，因此需要通过 Simscape 模块的转换器进行切换。如图 5-1 所示为转换器模块图，左边的转换器是将 Simscape 数据转换到 Simulink 基础模块上，右边的刚好相反。

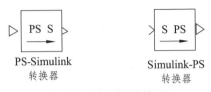

PS-Simulink
转换器

Simulink-PS
转换器

图 5-1　转换器模块图

5.3　操纵系统原理

从系统结构功能性划分，操纵系统分为主操纵系统和辅助操纵系统，其中，主操纵系统包括升降舵、方向舵及副翼的方向控制；辅助操纵系统则包含调整片、襟翼、减速板及安定面等机构。这里将以主操纵系统中升降舵为主，分析其受力情况，为数学模型的建立提供基础，而其他方向控制系统工作方式相似，可采用相似的分析方法建立相应的力数学模型。

1. 升降舵系统力分析

升降舵系统由驾驶杆、链接机构及舵面组成。它主要控制飞机的俯仰运动，当需要飞机向上飞行时，驾驶员后拉驾驶杆，使升降舵向上偏转，则飞机尾部产生向下力矩，使得飞机抬头向上飞行；反之当驾驶员前压驾驶杆时，升降舵向下偏转，飞机尾部产生向上力矩，飞机向下俯冲[6]。升降舵系统的系统结构如 5-2 所示。

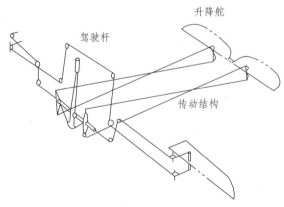

图 5-2　升降舵系统的结构

在升降舵系统中，驾驶杆对舵面的控制方式分为直接机械连接结构与间接助力器结构，它们的最主要区别在于驾驶员作用驾驶杆的力是否通过助力器等设备作用到舵面上。因此，接下来对升降舵系统分析受力情况时，将从这两个不同的方面分析舵面的受力情况。

1）驾驶杆受力分析

飞行员在控制飞机姿态时，主要施力对象是驾驶杆，因此，驾驶杆的受力方程式[7-9]为

$$F = F_{in} - (F_a + F_v + F_k + f_s) \tag{5-1}$$

式中，F_{in} 为驾驶员加载到驾驶杆上的力，F_a 为惯性力，F_v 是等效阻尼力，F_k 为摩擦力，f_s 为弹簧力。

$F_a = K_a a$，K_a 是驾驶杆等效惯性系数，a 为驾驶杆等效加速度。

$F_v = K_v v$，K_v 为驾驶杆等效阻尼系数，v 为驾驶杆等效速度。

$F_k = K_k x$，K_k 为驾驶杆等效摩擦系数，x 为驾驶杆等效速度。

2）传动系统受力分析

作为升降舵系统的传动机构，含有定中弹簧，连接着驾驶杆与舵面，主要作用是将驾驶杆的输出力传递到舵面上，并将舵面的气动力等合力反馈到驾驶杆上。它产生的力主要是弹簧力，并包含舵面的所有力，方程式为

$$f_s = K_s(x_1 - x_2) \tag{5-2}$$

式中，K_s 为弹簧弹性系数，x_1 为杆位移，x_2 为弹簧输出位移。

2. 舵面受力分析

舵面受力主要来源于链接结构（如钢索、滑轮、阻尼器等）传递的力和空气动力，而受力情况与舵面连接方式有一定关系。在间接助力器结构下，舵面位移将受影响，因此，选择液压助力器，对此助力器的分析主要是针对位移传递进行建模，方程式如下：

$$x_3 = \frac{k}{(S^2 + AS + B)} \cdot x_2 \tag{5-3}$$

式中，k 为传递系数，A、B 为液压助力器常数，与液压助力器型号有关，x_3 为液压助力器输出位移。而该式为位移公式的拉氏（Laplace）变换。

一般在液压助力器控制方式下，将加入弹簧和阻尼器等感觉装置来增加驾

驶员的力感受，根据文献[10]总结，输出力 F_f 为

$$F_f = n_f k_f x_2 \tag{5-4}$$

式中，n_f 为一个有关飞机速度和飞行高度的函数；k_f 是弹簧等效弹性系数。

现在分析舵面受力情况，其力 F_l 表达式为

$$F_l = f'_s - (F'_a + F'_v + F'_k + f_a) \tag{5-5}$$

式中 $F'_a = k'_a \cdot a'$，k'_a 为舵面等效惯性系数，a' 为舵面加速度；

$F'_v = k'_v v'$，k'_v 为舵面等效阻尼系数，v' 为舵面速度；

F'_k 为舵面等效摩擦力；

f'_s 为等效的弹簧力，若为直接机械连接结构，$f'_s = f_s$；

f_a 为气动力，其中 $f_a = K_a M_j$，K_a 为驾驶杆与舵面的传动系统，M_j 为作用在舵面的力矩，它是关于动压（P）的函数。

最后，分析舵面偏转角与位移的关系，若使用间接助力器结构，根据转动运动相关定理及 Laplace 变换公式得到[8]，表达式为

$$\delta = \frac{K_c}{T_c s + 1} x_3 \tag{5-6}$$

式中，K_c 为传递比，T_c 为时间常数，δ 为舵面偏转角。

同理，若使用直接机械连接结构，则舵面偏转角与位移的关系表达式为

$$\delta = \frac{K_c}{T_c s + 1} x_2 \tag{5-7}$$

综上所述，对操纵系统直接机械与助力器结构下的受力情况的分析已完成。

5.4　操纵负荷系统仿真设计

操纵负荷系统是向飞行员实时提供操纵感受力的系统，即模拟飞机操纵系统的功能。根据实时测量的驾驶杆变换位移和速度，依据飞行状态特征和仿真算法，实时地计算出应加载到驾驶杆上，让飞行员感受力的大小，并通过控制力加载系统向驾驶杆施力。

本节主要对操纵系统进行理论建模，研究设计操纵负荷模型，建立电动操纵负荷系统，验证模型的有效性、稳定性。

1. 操纵负荷系统分析

操纵负荷系统的主要作用在于提供与真实飞行一样的操纵感力，根据不同的飞行状态，通过力加载装置将力反馈给飞行员操纵的驾驶杆、舵、总距杆，从而达到模拟飞行操纵系统感受功能。

因此，将操纵负荷系统分为操纵力模块、操纵力感仿真模块及操纵力加载模块。

（1）操纵力模块。

该模块包含驾驶杆及传感器，主要作用是为驾驶员提供操作设备，并利用传感器检测驾驶员输入力、驾驶杆位移／速度／加速度等运动参数。

（2）操纵力感仿真模块。

该模块主要是操纵仿真计算机，它通过采集传感器的检测信号，结合选定的操纵系统数学模型／控制策略及飞行状态数据得到电机的驱动信号。根据前面对操纵系统的数学建模，选择了操纵系统的直接机械连接结构。

而常用的控制系统包含 PID 控制、模糊控制、神经网络等方法[9-11]，在分析中，这里选择的是 PID 控制策略，设定的控制方程式为

$$h(s) = k_p s^2 + \frac{1}{k_i} s + k_d \tag{5-8}$$

式中，k_p 为比例系数，k_i 是积分时间常数，k_d 为微分时间常数。

（3）操纵力加载模块。

该模块由伺服减速电机组成。通过电机的转动，控制摇臂运动，将旋转运动转变为直线运动，并需要将产生的位移、速度及加速度等信息反馈给操纵计算机，用于影响电机驱动信号的产生。

因此，操纵负荷系统的整体结构示意及组织如图 5-3 和图 5-4 所示。

驾驶员直接施力到驾驶杆后，力、位置、速度传感器实时输出检测信号到操纵计算机，操纵计算机根据采集到的信息数据、操纵仿真模型及飞行参数计算出电机驱动控制信号，以驱动伺服电机转动，使用连杆转换，反馈到驾驶杆上，提供飞行员真实的力感感受，完成对操纵系统的模拟。然而操纵负荷计算机还需从主控计算机中获取飞行特性参数及模型相关参数，在实际仿真中，为突出操纵仿真模型的效果，通过直接赋值的方式，将相关参数定义到仿真中，忽略主计算机对操纵负荷系统的影响。

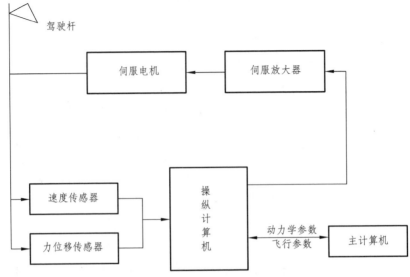

图 5-3　操纵负荷系统结构

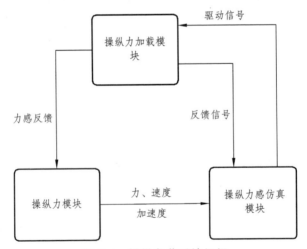

图 5-4　操纵负荷系统组织

2. 操纵负荷系统仿真设计

根据对操纵负荷系统的分析和结构设计，这里将按照操纵负荷系统的分类，进行仿真设计。

1）操纵力模块仿真

操纵力模块仿真包含驾驶员输出力及驾驶杆移动特性检测两部分，其中假

设驾驶员输出力在一段时间内是恒定不变的，因此它的输出形式可类似于阶跃函数数学方式叠加，其中阶跃函数的表达式为

$$u(t) = \begin{cases} 1 & t > 0 \\ 0 & t < 0 \end{cases} \tag{5-9}$$

所以可利用不同阶跃信号叠加，组成输出力 F_{in} 的数学函数表达式：

$$F_{in} = \sum_{t_i=0}^{n} u(t-t_i), \quad n \text{ 为非负整数} \tag{5-10}$$

如图 5-5 所示给出恒定输出力与一定量的输出力的模拟信号，而驾驶杆移动特性由速度、加速度传感器检测，并完成电信号的转化。

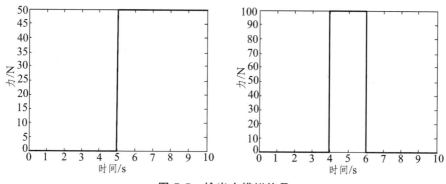

图 5-5 输出力模拟信号

2）操纵力感仿真模块仿真

该仿真模块主要完成对操纵系统数学模型的仿真及 PID 控制器的仿真。

（1）操纵数学模型的仿真。

根据对操纵系统的受力分析，可将仿真模型分为前端模型、后端模型及传动模型，其中，前端模型主要完成对驾驶杆负载力的仿真，后端模型则完成舵面合力的仿真设计，传动模型主要起到力传递反馈的作用。

① 前端模型。

为简化分析过程，先定义驾驶杆负载力 F_l 为

$$F_l = f(a,v,x) = F_a + F_v + F_k + f_s \tag{5-11}$$

式中，负载力 F_l 是关于驾驶杆的等效加速度、等效速度和等效位移的函数。其他力的函数方程如公式（5-1）所示。

假定在驾驶员操纵驾驶杆的 t 时刻，根据公式（5-1）可知，驾驶杆上的合力 F 为

$$F = F_{in} - F_l \qquad (5\text{-}12)$$

式中，F_{in} 为驾驶员施加到驾驶杆上的力。

根据牛顿第二定律和旋转定理可得

$$a = \frac{F}{m} \qquad (5\text{-}13)$$

式中，m 为驾驶杆等效质量，a 为驾驶杆加速度。

为计算速度与位移的关系，假设在很短时间 Δt，驾驶杆加速度 a 不产生变化，因此，在 Δt 时间内，根据加速度与速度、偏移的关系，可得

$$v_t = v_0 + \lim_{\Delta t \to 0}[\Delta t \cdot a(t)] \qquad (5\text{-}14)$$

$$x_t = x_0 + \lim_{\Delta t \to 0}(\Delta t \cdot v_t) \qquad (5\text{-}15)$$

式中，v_t、x_t 为 $t + \Delta t$ 时刻的速度和偏移，v_0、x_0 为 t 时刻的速度和偏移。

经过数学整理后可得

$$a(t) = \lim_{\Delta t \to 0}\frac{(v_t - v_0)}{\Delta t} = \lim_{\Delta t \to 0}\frac{\Delta v}{\Delta t} \qquad (5\text{-}16)$$

$$v(t) = \lim_{\Delta t \to 0}\frac{(x_t - x_0)}{\Delta t} = \lim_{\Delta t \to 0}\frac{\Delta x}{\Delta t} \qquad (5\text{-}17)$$

对上式进行拉氏变换，根据 S 域性质，将公式（5-9）~（5-10）变换到 S 域后得到

$$v(s) = \frac{a(s)}{S} \qquad (5\text{-}18)$$

$$x(s) = \frac{v(s)}{S} = \frac{a(s)}{S^2} \qquad (5\text{-}19)$$

因此，经过上述数学公式推导出驾驶杆各变量之间的关系，得到最终的仿真图，如图 5-6 所示。

② 后端模型。

同理，假定在相同的 t 时刻，此刻舵面合力 F_2 由公式（5-5）可得

$$F_2 = f_s - (F_a' + F_v' + F_k' + f_a) \qquad (5\text{-}20)$$

式中，变量定义与公式（5-5）相同。

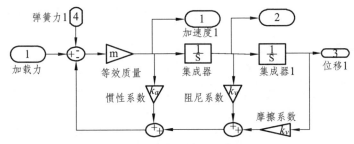

图 5-6 前端模型仿真图

由牛顿第二定理可得

$$a_2 = \frac{F_2}{M_a} \tag{5-21}$$

式中，M_a 为舵面等效转动质量。

假设在很短时间 Δt，舵面加速度 a_2 不产生变化，因此，在 Δt 时间内，根据加速度与速度、偏移的关系，可得

$$v'_t = v'_0 + \lim_{\Delta t \to 0}[\Delta t \cdot a'_2(t)] \tag{5-22}$$

$$x'_t = x'_0 + \lim_{\Delta t \to 0}(\Delta t \cdot v'_t) \tag{5-23}$$

式中，v'_t、x'_t 为 $t + \Delta t$ 时刻的速度和偏移，v'_0、x'_0 为 t 时刻的速度和偏移。

经过数学整理后可得

$$a'_2(t) = \lim_{\Delta t \to 0}\frac{(v'_t - v'_0)}{\Delta t} = \lim_{\Delta t \to 0}\frac{\Delta v'}{\Delta t} \tag{5-24}$$

$$x'(t) = \lim_{\Delta t \to 0}\frac{(x'_t - x'_0)}{\Delta t} = \lim_{\Delta t \to 0}\frac{\Delta x'}{\Delta t} \tag{5-25}$$

对上式进行拉氏变换后得到

$$v'(s) = \frac{a'(s)}{s} \tag{5-26}$$

$$x'(s) = \frac{v'(s)}{S} = \frac{a'(s)}{S^2} \tag{5-27}$$

经过数学变换后得到舵面建模方法，得到后端模型的仿真结构图，如图 5-7 所示。

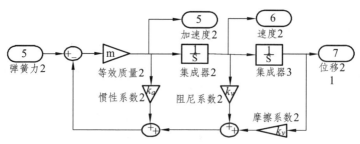

图 5-7　后端模型仿真图

③ 传动模型。

传动模型是对弹簧、钢索等连接结构进行仿真，而对于直接机械连接结构，该模型就是对选定的连接机构（弹簧）进行建模。

根据弹簧性能可知弹簧所受合力 f_s 为

$$f_s = K_s(x_1 - x_2) \tag{5-28}$$

式中，K_s 为弹簧弹性系数，x_1 为驾驶杆等效位移，x_2 为舵面等效位移。

传动模型的仿真图如图 5-8 所示。

传动模型

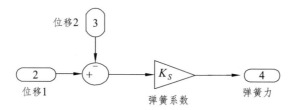

图 5-8　传动模型的仿真图

因此，根据对操纵数学模型的分析可得到数学方程式：

$$F = F_{in} - (k_a S^2 + k_v S + k_k)x_1 - f_s(x_1, x_2) \tag{5-29}$$

$$F_2 = f_s(x_1, x_2) - (k_a' S^2 + k_v' S + k_k')x_2 \tag{5-30}$$

$$f_s(x_1, x_2) = K_s(x_1 - x_2) \tag{5-31}$$

$$x_1 = \frac{a}{S^2}, \quad x_2 = \frac{a_2}{S^2} \tag{5-32}$$

（2）PID 控制器仿真。

在建立电动操纵负荷系统模型之后，需要选择合适的控制策略，即 PID 控制。传统上，PID 控制是最早发展起来的控制策略之一，由于其算法简单、鲁棒性好及可靠性高，被广泛应用于过程控制和运动控制中，尤其适用于可建立精确数学模型的确定性模型。

根据建模方式的确定，我们将选择加速度 a、速度 v_t 和位移 x_t 作为 PID 控制器的三个控制变量。其中，a 作为频率响应的影响因子，为 I 因子；v_t 作为主要的线性因子，即 P 因子；x_t 作为积分因子，用于减少静态误差。并与接收的驾驶杆力、位移、速度的实际数据做对比，利用它们的差值完成 PID 控制器的自适应变化，即 PID 控制器表达式为

$$H(s) = K_p a_{\mathrm{err}} + K_s v_{\mathrm{err}} + K_d x_{\mathrm{err}} \tag{5-33}$$

式中，K_p 为比例系数，K_s 为积分时间常数，K_d 是微分时间常数。

3. 操纵力加载模块仿真设计

操纵力加载模块是对伺服减速电机运行函数进行仿真。理论上，伺服减速电机实际运行方式可通过自身的传递函数进行表达，因此，研究电机相关文献[7, 12-15]后发现，电机的传递函数为

$$\frac{W(s)}{U_a(s)} = \frac{1}{C_e \left[T_m T_a S^2 + \left(T_m + \dfrac{K_1}{JT_m T_a} \right) S + \left(1 + \dfrac{K_1}{JT_m} \right) \right]} \tag{5-34}$$

式中，C_e 为电势系数或转矩系数，T_m 是电动机的电气机械时间常数，T_a 为电动机的电气时间常数，K_1 是黏性摩擦系数，J 为电动机轴上的转动惯性。

减速电机的主要作用是将电机的圆周运动转换为直线运动，从而控制驾驶杆的偏移，达到传递感受力作用。它的模型为

$$F = \frac{M_c}{m} \tag{5-35}$$

$$\dot{x} = wt \tag{5-36}$$

因此可直接建立减速电机的传递函数模型。

综上所述，根据操纵力模块、力感仿真模块及操纵力加载模块的定义数学表达式，可建立操纵负荷系统的整体数学解析式，为仿真模型奠定理论基础。

参考文献

[1] 范文澜，等. 电动操纵负荷系统在飞行模拟器中的应用[J]. 系统仿真学报，2013，25(S1):401-403.

[2] 闫梁，等. 飞行模拟器操纵负荷系统模型力建模仿真研究[J]. 微计算机信息，2010，26(34):196-197.

[3] 张戟. Forkker Ecol 800 电动操纵负荷系统[J]. 科技资讯，2007(1):227-229.

[4] HOLLY MOORE. MATLAB for engineers[M]. 3rd ed.Person Education Inc，2011.

[5] NED MOHAN. Advanced electric drivers: analysis，control，and modeling using Matlab/Simulink[M]. John Wiley&Sons Inc，2014.

[6] 宋静波，等. 飞机构造基础[M]. 北京：航空工业出版社，2013.

[7] 刘长华. 飞行模拟器数字式操纵负荷系统的仿真及实现[J]. 中国民航飞行学院学报，2005(3):11-13.

[8] 关理想. 一种电动式操纵负荷系统控制特性研究[D]. 南京：南京航空航天大学，2011.

[9] 杨永欣. 飞行模拟机操纵负荷系统操纵力建模与仿真[J]. 电光与控制，2014，21(9):80-84.

[10] 刘长华，宋华. 基于 Matlab 的飞行模拟器电动加载系统控制仿真研究[J]. 武汉理工大学学报(交通科学与工程版)，2011，35(2):417-420.

[11] 董伟杰，等. 基于 PIDNN 控制的飞行模拟器人感系统[J].北京航空航天大学学报，2008(2):153-157.

[12] 王艳颖，等. 直流电动机传递函数测定的实验研究[J].实验技术与管理，2008(8):38-40.

[13] 康凯. 基于 MATLAB 的数字 PID 直流电机调速系统的实现[J].电脑知识与技术，2010，6(22):6372-6374.

[14] 党维. 电动式操纵负荷系统控制技术研究[D] .南京：南京航空航天大学，2012.

[15] 王勇亮，卢颖. 基于 MATLAB 的飞行模拟器操纵负荷系统设计[J].微计算机信息，2006(28):56-57.

6 视景系统

6.1 引 言

　　视景系统提供虚拟外部世界景象。它包括前期的机场视景数据库建模（Modelling）、实时三维图像生成软件（Image Generator, IG）和显示系统（Display System）。本章将结合流行技术通过不同的视角看待视景系统。

　　回首 21 世纪初，个人计算机软硬件功能都很缺乏，模拟机视景系统只有少数几家公司能够完成。随着时间的推移，计算机硬件，尤其是显卡、内存、CPU 的飞速发展，以前图形工作站能完成的三维图像显示在普通计算机上已经能很好地实现，图像的显示分辨率也从 1 024 到 1 080 P 到 4 k。已经公示征求意见的《飞行模拟机鉴定性能标准》咨询通告中关于视景性能的提升，也源于 4K 投影机普及和新型计算机软硬件的出现，从而带来的视景质量提升。

　　早期构建视景数据库所需的机场及周边的数据缺乏，但随着 GoogleEarh 软件的出现，STRM90 免费高层数据和 GIS 的普及，以及网络搜索机场周边照片的便捷，数据缺乏已经不再成为障碍。早期视景机场数据库建模依赖于 Multigen Creator 软件，但随着三维建模软件崛起（Sketchup、3DS MAX 和免费的 Blender 等），建模变得简单，毕竟三维模型主要就是构建含有纹理的多边形物体，再通过添加细节纹理、光照纹理、凹凸纹理，就能完美再现实际景象了。游戏行业的蓬勃发展，推动了三维图像引擎的进步，开源的 OSG（OpenSceneGraph）、Orge3D、Unreal 4 和收费 Unity 等随之出现，使用它们可以快速地开发飞行模拟所需的实时三维图像生成软件。气象插件的出现可以完成不同时间、能见度、雨雪的快速仿真。甚至有爱好者聚集起来开发出了 CIGI 飞行模拟机视景接口，可以免费用于旧型号模拟机的升级和新型号的研发，X-Plane 和最新版的 Prepar3D 飞行模拟软件也在某种程度上，对该接口进行支持，可作为单独视景软件使用；而图像显示系统可以根据飞行模拟设备等级选择显示器、环幕投影系统，得到具有景深的准直校准投影系统（Collimated Visual Display System）。即便最高端的准直校准投影系统，飞行模拟器爱好者也研发出了相应的小型准直校准系统,并公布了设计方案和制作实例。基于显卡的进步和纹理投影的出现,多通道软件图像校准和边缘融合技术替代校准融合硬件成为主流。

6.2 机场视景数据库建模

机场视景数据库建模初期过程相同,使用三维建模软件建立带有纹理贴图的地形、建筑物,将不同的物体构建不同的组群(Group),并给每组不同的名称或标记,而每个物体设定不同属性,进行分层次组织。出于保护知识产权的目的,每个模拟机厂商,使用编译器将机场数据库原始模型转化为自定格式的机场视景数据库。他们自己研发视景系统,也定义自己格式的机场视景数据库格式。机场视景数据库可以打包成整体文件,也可以由多个文件,按层次组织存储和调用。

1. 数据来源

视景数据库建模的核心是分层次建模,视景显示的核心是分层次渲染。数据包括地形高层数据、道路矢量数据、植被区域矢量数据、卫星照片、航拍照片、建筑物照片和通用纹理等。其中地形高层数据可以用来生成多边形网格;道路矢量数据和植被区域矢量数据可供程序自动生成相应道路或森林等;卫星照片可以用来给地形贴图,也可以根据拍摄时间,由地面阴影估算出建筑物的高度、大小等;航拍照片通常可提供远高于卫星照片的色彩和分辨率,通常程序需要使用压缩纹理(DXT5 等显卡支持的压缩格式)和 64 位编译来提高照片的装载数量;建筑物照片用于制作建筑物纹理,提高仿真的逼真度;通用纹理包括汽车、建筑物、广告牌、树木、草坪、细节纹理等,用于提高视景的逼真度。

虚拟地形项目(Virtual Terrain Project)是一个开源的,快速构地球任何一处建数字地形的工具。网址是 http://vterrain.org/。该网站有关于数据源、地形构建、气象仿真等多个相关资源链接和实例,对构建机场视景数据库很有帮助。

飞行模拟游戏包括大量的纹理、建筑物、飞机模型等,在符合版权声明的情况下可以作为机场视景数据库的数据的来源。

2. 机场地形模型的构建

构建机场视景数据库地形时首先需获取地形高层数据,常见的有 DEM 数据、STRM90 数据等。STRM90 是免费的 90 m 网格的地形高层数据,可满足多数机场地形的构建需求。如图 6-1 所示在 GIS 软件中装载的四川某地 STRM90

高层数据，通过软件导出成 DEM 数据，在导入 Sketchup 软件中生成多边形网格。如图 6-2 所示生成的民用机场多边形网格。通常生成的模型机场区域不平整，需要在模型编辑器中进行平整，对于倾斜跑道的机场，应当建立符合航图信息的倾斜机场区域。

图 6-1　GIS 软件装载的四川某地 STRM90 高层数据

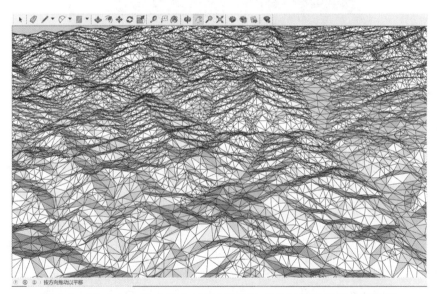

图 6-2　Sketchup 软件导入 DEM 数据生成的民用机场多边形网格

通过 DEM 高层数据构建机场地形后，需进行卫星照片或航拍照片贴图。常见的卫星照片来源有谷歌地图、雅虎地图、微软地图和 ArcGIS 等。可以通过全能电子地图等地图下载器，下载卫星照片，并拼接成整张卫星照片。通常机场区域选择 17 级至 19 级卫星照片即可满足要求，对于机场内区域可以使用细节贴图与卫星照片进行混合，弥补卫片细节缺乏的弊病。机场外区域可以选择 13 级至 15 级卫星照片。如图 6-3 所示为民用机场的卫星照片，图 6-4 所示为卫星贴图后的民用机场地形模型。需注意纹理长宽为偶数 2^n，如 1 024、2 048，最大不超过 4 096，避免出现显卡切换纹理负荷太重的情况。

图 6-3　民用机场卫星照片

图 6-4　卫星照片贴图后的民用机场地形模型

3. 机场平面区域的构建

机场的构建应遵循 ICAO 发布的 Annex 14, *Aerodromes Volume I, Detailed rules and regulations* 书中对跑道、滑行道、灯光、指示牌等的详细讲解。如图 6-5 和图 6-6 所示分别为跑道类型的讲解和跑道等待区标识的讲解。更多的机场细节均能在书中查到。

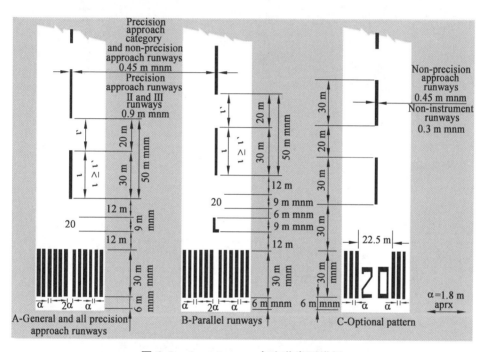

图 6-5　*Aerodromes* 中跑道类型讲解

构建机场平面区域包括跑道、滑行道、灯光、指示牌等。跑道可按照机场航图、机场细则，并结合卫星照片进行构建。方法与建立建筑物类似，先构建平面多边形。需要注意的是，在构建时需注意多边形的正反面，在视景软件渲染中，为提高显示效率，通常多边形背面不予渲染。如图 6-7 所示左边是贴图前的跑道，右边是贴图后的跑道。滑行道标识采用类似的方法构建，视景渲染中可以开启多边形偏移设置，分层渲染，避免因为显卡深度缓冲精度，造成滑行道标志闪动现象。

RUNWAY-HOLDING POSITION MARKING

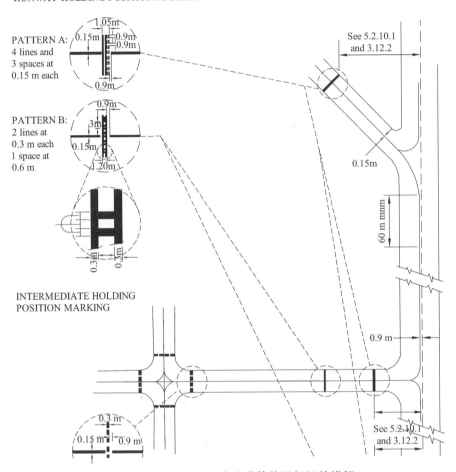

图 6-6　*Aerodromes* 中跑道等待区标识的讲解

图 6-7　贴图前后的跑道

4. 建筑物模型的构建

建立建筑物模型，包括构建三维建筑物几何形体和纹理贴图。MAYA、3DS MAX、BLENDER、SKetchup 等三维编辑器均能完成该工作，相关书籍和网络教程很多[1]，生成的模型可以通过编辑器的导出功能或第三方转化工具进行相互转化[2]。读者可以使用自己最熟悉的模型编辑器构建建筑物模型，对于机场外的区域可以尽量简化，减少多边形的使用，通过纹理表现模型细节。机场内的机库、候机楼、塔台等模型，可以使用更多的多边形建模，添加更多细节。对特别复杂的模型，可以使用 LOD（Level of Detail）[3]，在距离较远时使用少量多边形的模型，距离近时使用多边形数多的高精度模型。如图 6-8 所示为未贴纹理的机库模型。

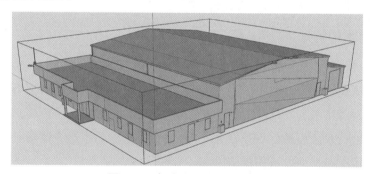

图 6-8　未贴纹理的机库模型

建筑物建模中为了高效地使用纹理，常采用 UVW 贴图，即将建筑物的各个面分解，放在一张贴图的不同区域，设置不同的纹理坐标。为表现白天和黑夜，每个建筑物使用两张纹理贴图，可以先编辑出白天贴图，再使用 Photoshop 构建 Mask 区域对夜间无光照区域按不同透明度处理。更细致真实的方法还可以，将模型调入 3DS MAX 中，设置光源对夜间建筑物进行渲染，将渲染图像编辑生成夜间纹理。视景图像生成软件在显示建筑物时，白天仅调用白天纹理，在夜间和黄昏时将夜间纹理装入第二个纹理单元按比例进行混合。如图 6-9 所示为机库模型的白天和夜晚 UVW 纹理贴图，如图 6-10 所示为白天和夜晚的机库模型。

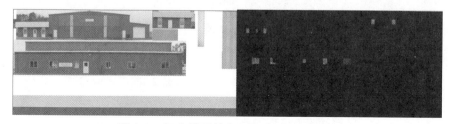

图 6-9　机库模型的白天和夜晚纹理贴图

图 6-10　白天和夜晚的机库模型

对于具备多个纹理单元的高端显卡，还可以对建筑物增加凹凸贴图，用于表现墙面的凹凸质感，增加仿真逼真度。

5. 树木的构建

机场视景数据库中树木是常见物体，首先可以准备一张带 ALPHA 通道的各种树木的纹理集合，如图 6-11 所示。然后构建 180°交错的多边形并贴上选中的树木纹理贴图，在视景图像生成软件中，绘制树木时，关闭多边形背面剔除选项，进行双面显示，并开启 ALPHA 测试，剔除树木边缘区域。如图 6-12 所示为采用交错平面方法构建的树木。

图 6-11　多种树木纹理集合

图 6-12 采用交错平面方法构建的树木

6.3 视景实时图形引擎

视景图像实时生成软件（Image Generator，IG）用于生成逼真的三维场景，模拟真实的飞行环境。飞行模拟设备的视景图像实时生成软件最基本的功能是按照飞机姿态视角调用图形显示库实时渲染显示已建立的机场模型。更多的需求和功能包括仿真不同时间变化、星空、能见度变化、降雨、降雪、活动目标（入侵飞机、地面车辆）、风向带、机场灯光、骨骼动画显示的机务人员，飞行航路中地形显示所需的三维数字地球、碰撞检测等。

上一节讨论了机场视景数据库的建立方法，在建立机场视景数据库后，通过视景图像实时生成软件调用和显示。各种游戏开发引擎和三维图像引擎均能用于开发视景图像实时生成软件。

Unity 是实时三维开放平台，它为用户提供了在二维和三维环境中创建游戏和互动体验的能力[4]。它的应用范围包括游戏开发、交通制造、电影动画、建筑和工程等。它拥有庞大的用户群体，数量丰富的插件、教程，价格低廉的配套气象开发包，可以通过相关数据、视频、网络教程和游戏引擎社区进行学习、互动，开发出不错的视景。它支持 Direct3D、OpenGL、Opengl ES 和 WebGL图形库，能在 Windows、Linux、MacOS、Android、iOS 和 Web 环境中运行，支持纹理压缩、纹理细化、分辨率设置、凹凸贴图、反射贴图、动态阴影、渲染到纹理、全屏幕反锯齿等。它支持定点着色器 Sharder，也支持大规模图形渲染、实时光线跟踪、增强现实应用。如图 6-13 所示为装载气象插件开发的飞行模拟应用程序。

图 6-13　Unity 装载气象插件开发的飞行模拟应用程序

Unreal Engine 虚幻引擎最初是为第一人称射击者开发的，但它已经成功地用于其他类型的游戏、虚拟现实和仿真领域[5]。它的代码以 C++编写，虚幻引擎具有高度的可移植性，是当今许多游戏开发者使用的工具，最新版本是 2014 年发布的 Unreal Engine 4，基础软件中既有软件渲染，也有硬件渲染，还有碰撞检测、光照模拟、骨骼动画系统和大规模地形支持。大疆的无人机模拟器也使用 Unreal Engine 开发[6]。AirCargon 货机模拟游戏就是使用 Unreal Engine 4 开发的。如图 6-14 所示为使用 Unreal Engine 4 开发的 aircargo 飞行模拟游戏[7]。

图 6-14　使用 Unreal Engine 4 开发的 aircargo 飞行模拟游戏

OpenScenegraph 是一个开源的高性能 3D 图形工具包，也是开发视景不错的选择。它有较丰富的示例程序与数据，已经成为世界领先的三维实时图形开发库。通常程序开发人员用于开发可视化模拟、游戏、虚拟现实、科学可视化和建模等领域。使用标准 C++语言，调用 OpenGL 图形库显示图像，它可以跨平台运行，支持的操作系统包括 Windows、OSX、GNU/Linux、iRIX 等。如图 6-15 所示为 OpenSceneGraph 用户开发的 MIG21 模拟器[8]。

图 6-15　OpenSceneGraph 用户开发的 MIG21 模拟器

osgEarth 是一个 C++地理空间 SDK 和地形引擎，支持各种数据，并提供了许多示例，可用于航路中全球地形显示开发[9]。

开源的 CIGI（公共图像生成器接口）是用于 IG 和主机应用程序（例如驾驶舱或其他主机应用程序）之间的通信有线协议[10]。CIGI API 是将数据格式化为接口规范的库，并且可以由 IG 和主机使用。它可用于旧型号模拟机的升级和新型号的研发，在 X-Plane 和最新版的 Prepar3D 飞行模拟软件中通过插件对其接口进行了支持。如图 6-16 所示为 CIGI 视景 IG 接口信息传递图。

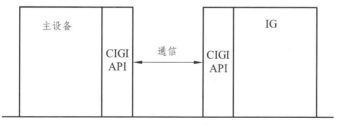

图 6-16　CIGI API 的高级视图

6.4　基础视景程序设计与实现

上一节探讨了多个可以用于开发视景的三维引擎或游戏开发引擎。虽然可以通过相关网站、视频教程、图书进行学习，但三维引擎通常太复杂，功能繁多，需要花很长时间才能入门。本节使用 DevIL（一种开源的多种图形格式读写工具）读取纹理图片文件，使用 assimp（一种支持 40 多种 3D 格式的模型读写库）的示例子程序，开发一个具有基本功能的视景生成程序[11]。

1. 基础视景程序设计

视景程序一个最基础的功能是实现模型建模工具存储的机场视景数据库模型读入；能够读入多种格式图形文件，能够正确显示机场道面标识，能够正确显示模型中存储的建筑物、树木等，能接受主机发送的飞机位置和眼点视景图像。如图 6-17 所示为基础视景程序结构。

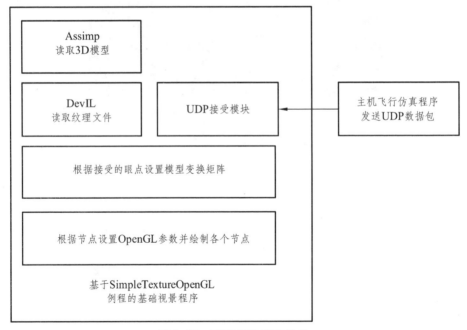

图 6-17　基础视景程序结构

2. 基础视景程序的实现

实现基础视景程序将使用 assimp 库的例程，进行编译环境配置，修改程序代码，加入对模型矩阵的操纵以模拟飞机位置和摄像机，加入 OpenGL 显示状态设置用于控制 Z-Buffer、Blending 保证图形的正常显示，增加 udp 接受代码用于接受飞行仿真程序数据。

（1）下载 assimp 源文件，地址 https://github.com/assimp/assimp。

（2）下载 CMAKE 工具，地址 https://cmake.org/。

（3）将 assimp 解压在 D:\。

（4）在 Windows 开始搜索栏，输入"cmd"回车进入命令提示符模式，输入"D:"，回车。在 D:\assimp 目录下建立 build 目录，进入该目录，输入"CMAKE D:\ASSIMP"，回车，生成编译环境配置。如图 6-18 所示为 CMake 编程环境生成文件。

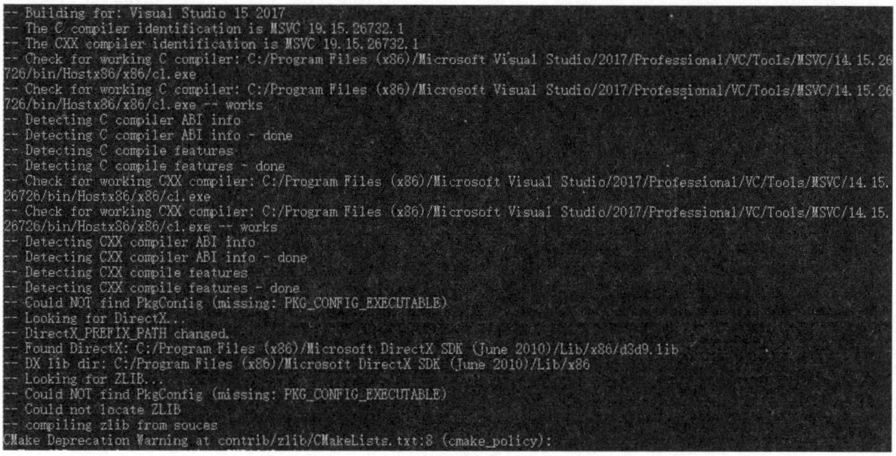

图 6-18　CMake 编程环境生成文件

（5）用 Visual Studio 打开 D:\assimp\build 中的 assimp.sln，在菜单中选择生成解决方案，如果有错，按报错信息进行排除。

（6）用 Visual Studio 启动 D:\assimp\samples\SimpleTexturedOpenGL\目录下的 SimpleTexturedOpenGL.sln 生成解决方案。

（7）修改 PIXELFORMATDESCRIPTOR pfd 中 Z Buffer 为 32 位，增加深度测试精度，减少图形错误。

```
static    PIXELFORMATDESCRIPTOR pfd=
{
    sizeof(PIXELFORMATDESCRIPTOR),
    1,
    PFD_DRAW_TO_WINDOW |
    PFD_SUPPORT_OPENGL |
```

```
    PFD_DOUBLEBUFFER,
    PFD_TYPE_RGBA,
    32,                                //RGBA 颜色模式
    0, 0, 0, 0, 0, 0,
    0,
    0,
    0,
    0, 0, 0, 0,
    32,                                //Z BUFFER(DEPTH BUFFER)
    0,
    0,
    PFD_MAIN_PLANE,
    0,
    0, 0, 0
    };
```

（8）修改 static std::string modelpath = "zugh.dae"；显示需要的机场模型。

（9）定义摄像机眼点六自由度数据结构。

```
    typedef struct
    {
        float x; //x 坐标
        float y; //y 坐标
        float z; //z 坐标
        float heading;//航向
        float pitch;//俯仰角
        float roll; //横滚

    } eye_;
```

（10）修改操控模型矩阵代码，模拟摄像机。

```
    int DrawGLScene()
    {
        udp_data(); //接受 UDP 数据，可以设立一个单独线程完成 UDP 数据
接受

        glClear(GL_COLOR_BUFFER_BIT | GL_DEPTH_BUFFER_BIT);
        glLoadIdentity();
        glTranslatef(eye.x, eye.y,eye.z);      //模拟相机位置
```

```
    glRotatef(eye.pitch, 1.0f, 0.0f, 0.0f); //模拟相机角度
    glRotatef(eye.heading, 0.0f, 1.0f, 0.0f);
    glRotatef(eye.roll, 0.0f, 0.0f, 1.0f);
    drawAiScene(scene);
    return TRUE;
        }
```

（11）增加 UDP 接受代码，在初始化程序中加入 init_udp（）函数。

```
#define MYPORT 8370        //接受数据端口

int sockfd;
struct sockaddr_in my_addr;
struct sockaddr_in their_addr;
char buf[1024];
int addr_len=0;
bool WinsockStartup()    //初始化 winsock
{
    WSADATA versionData;
    int versionRequested = MAKEWORD(1, 0);

    return (WSAStartup(versionRequested, &versionData) == 0) ? true : false;
}
bool WinsockCleanup()
{
    return (WSACleanup() == 0) ? true : false;
}
bool init_udp()            //初始化 udp
{
    WinsockStartup();
    if((sockfd=socket(AF_INET, SOCK_DGRAM, 0))==-1)
    {
        return false;
    }
    my_addr.sin_family=AF_INET;
    my_addr.sin_port=htons(MYPORT);
    my_addr.sin_addr.s_addr=INADDR_ANY;
```

```
    if (bind(sockfd, (struct sockaddr *)&my_addr, sizeof(struct sockaddr))==-1)
    {
        return false;
    }
    return true;
}
bool udp_data()          //接受飞行仿真程序发送的 UDP 数据包
{
    memset(buf, 0, MAXBUFLEN);
    int numbytes=0;
    if ((numbytes=recvfrom(sockfd, buf, 1024, 0,
        (struct sockaddr *)&their_addr, &addr_len))==-1) return false;
    else
    {
        if (numbytes = sizeof(eye))
        {
            memcpy(&eye, buf, sizeof(eye));
        }
    }
    return true;
}
```

（12）可以在上面程序的基础上增加分层渲染，绘制无显示错误的跑道标志、滑行道线，增加对 blending 的控制以显示树木，增加气象插件完成多种气象的仿真。如图 6-19 所示为基础视景程序显示的飞机着陆前的某机场。

图 6-19　视景程序显示的飞机着陆前的某机场

6.5　视景显示技术

飞行模拟设备的视景显示系统可以根据设备等级进行选择。飞行训练器配备视景系统的，需按照 A 级模拟机标准进行评估，可以使用大屏幕显示器、多通道环幕投影系统。飞行模拟机为减少机长和副驾驶的视角误差，提供具有景深的图像，使用虚像显示的准直校准投影系统（Collimated Visual Display System）。飞行模拟器爱好者也研发出了小型准直校准系统，并公布了设计方案和制作实例[12]。

多通道显示系统采用的投影机本来是设计用来在平面投影的，在曲面上图像会扭曲、变形。各台投影机显示图像需通过融合技术无缝拼接，最终生成一个完整的宽屏幕图像。基于显卡的进步和纹理投影的出现，多通道软件图像校准和边缘融合技术替代校准融合硬件已经成为主流。

1. 多通道环幕投影显示系统

飞行训练器通常使用三通道环幕投影显示系统，它包括投影机、支架、投影幕和校正融合软件。如图 6-20 所示为典型三通道环幕投影显示系统，具有水平 180°，垂直 40°的视场角。使用可调节高度支架可调整飞行员眼点在合适位置。投影幕可选用硬质投影幕或投影软幕。通常屏幕的投影增益应当小于 1，保证屏幕显示的亮度均匀和较好的对比度。投影机之间应有 10%图像重叠区域，用于图像渐变融合。Immersive Display Pro 是较常用的多通道投影校正融合软件，其最新版本支持摄像头自动校准。多家飞行模拟视景软件本身也支持多通道投影校正融合技术。RSI 公司的 RasterXT 软件，可以通过网格进行曲面失真校正，通过融合实现通道间图像平滑过渡，且可以根据视景中时间的不同，调用不同的设置，保证通道的色彩、亮度一致性。如图 6-21 所示为投影校正融合软件。

2. 准直显示系统

对于高端飞行模拟机，需要提供一种眼点，能在无穷远具有景深的视景图像，于是准直显示系统被广泛采用。准直（Collimation）即光线平行的意思，准直显示系统是一种能够提供无穷远景象和平行光束的光学显示系统。

图像通常分为实像和虚像。以平面反射镜为例，其基本性质是对实物形成虚像，实物和虚像对称于反射面，分别在反射面的两边。飞行模拟机也采用从镜面中看到景象的显示系统，即虚像显示系统。

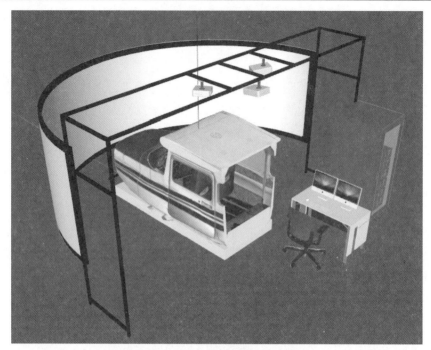

图 6-20　三通道环幕投影显示系统

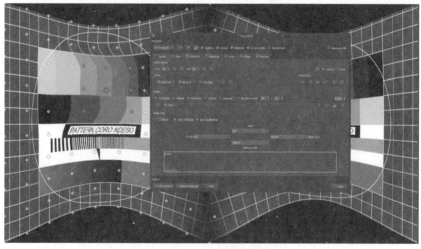

图 6-21　三通道环幕投影校正融合软件

　　飞机的驾驶舱中，飞行员通过前风挡所看到的外部景物的距离通常都是比较远的。远处景物的相邻各点发出的（或反射的）光线基本上都是平行的。而在视景显示系统中，几十米的距离基本上就称为无穷远。飞行模拟机常见的准直显示系统有两种，其中一种是小视场角的同轴式准直显示系统，显像管发出的光线，经过分光镜的反射，再经过球面反射镜反射，透过分光镜，到达飞行员的眼睛。由于显像管屏幕的位置正好在球面反射镜的焦面上，所以球面反射镜反射的光线是平行的。它由显示器、半透分光镜和曲面反光镜组成，具有低成本、质量小、最多五个通道、易于安装和调整、维护成本低、易于集成到现有或新的模拟器中和能提供逼真的距离和深度感知、完全夜视兼容等优点。国产 Y7-100 飞行模拟机就采用这种系统，机长和副驾驶分别在不同的反光镜中看到相同的前视视景图像，各自有左视景或右视景，每个飞行员的水平市场角度小于 90°。如图 6-22 所示为小视场角的同轴式准直显示系统。

驾驶员　COG　副驾驶员

图 6-22　小视场角的同轴式准直显示系统

大视场角准直显示系统是飞行模拟机的主流视觉显示系统，无论模拟器舱内的观察位置如何，它都提供相同的透视图，可以产生更大的距离感。它由真空抽气成型的大型薄膜反射镜、球形投影幕（反射投影和投射投影）、投影机和校正融合软件组成。如图 6-23 和图 6-24 所示为大视场角准直显示系统。

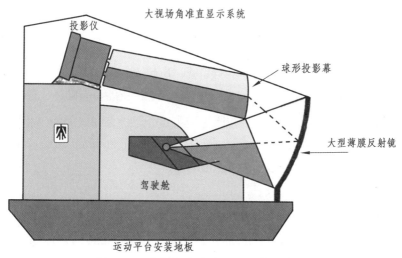

大视场角准直显示系统

投影仪

球形投影幕

大型薄膜反射镜

驾驶舱

运动平台安装地板

图 6-23　大视场角准直显示系统组成图

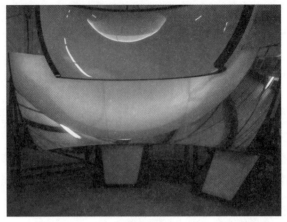

图 6-24　大视场角准直显示系统实物图

参考文献

[1] 罗聪翼，Blender 权威指南[M]. 北京：机械工业出版社，2011.

[2] Http://www.greentoken.de/onlineconv/.

[3] WIKIPEDIA. Level_of_detail[EB/OL].https://en.wikipedia.org/wiki/ Level_ of_detail.

[4] UNITY TECHNOLOGIES. Unity 5.X 从入门到精通[M]. 北京：中国 铁道出版社，2016.

[5] 何伟， Unreal Engine 4 从入门到精通[M]. 北京：中国铁道出版社， 2018.

[6] Https://www.droneacademy.com/dji-flight-simulator/.

[7] ACS-Air cargo simulator[EB/OL]. http://aircargosimulator.com/.

[8] SOKO's FLIGHT simulator[EB/OL]. http://www.openscenegraph. org/index.php/gallery/use-cases /78-soko-s-flight-simulator.

[9] Osgearth[EB/OL]. http://osgearth.org/.

[10] CIGI[EB/OL]. http://cigi.sourceforge.net/.

[11] Http://www.assimp.org.

[12] World's First DIY Collimated Display[EB/OL]. https://www.diy-cockpits. org/coll/.

7 音响系统

7.1 引言

在真实飞行中，驾驶舱中有各种各样的声音，包括驾驶舱外的气流声和内部的仪表设备工作声，所有声音的组合会影响驾驶员的听觉系统。因此，在模拟驾驶舱环境声音时，应真实地模拟飞机不同飞行状态的声源，为飞行训练员带来身临其境的听觉感受[1]。根据模拟的真实声音，充分掌握飞机不同飞行姿态，提高训练质量。

7.2 飞机真实声源分析

在不同的飞行状态下，驾驶员在驾驶舱中听到的声音是不同的，如在地面开车时，驾驶员将听到发动机启动的声音变化；在起飞时，听到轮胎与地面的摩擦声音，与油门杆位置变化相对应的发动机声音变化；在飞行过程中，与空管站的交流，收听 ATIS 通播；在飞机出现故障时，听到的告警提示声等。

因此，根据声音不同来源，将真实飞机声源区分为环境声源、告警提示声源和实时通话声源[2]。

1. 环境声源

环境声音包含不同飞行阶段飞机正常、非正常的设备工作声音，如发动机启动转动声、起落架收放声、扰流板声响、轮胎与地面的摩擦声、电液压机械系统工作声，风挡雨刷声，其他重要的飞机噪声等。飞行员根据环境声音可判断飞机状态及外部环境变化，为可能出现的问题做出预判，临时改变飞行计划等。

2. 告警提示源

告警提示源主要用于飞机飞行过程中出现故障时起提示作用。根据告警提示声，飞行员将检查飞机故障系统，以进行相关程序操纵。告警提示声有火警失效、主告警声、TCAS、GPWS 等。而在飞行模拟训练器，告警提示源还应包含飞机坠毁声音，以帮助飞行员检查出不当的操纵，防止在真实飞行中出现同样错误。

3. 实时通话声源

实时通话声源包括无线通话、接收 ATIS 通播、主副驾驶员通话等，主要用于申请指令，航路、起始高度、飞行高度层、通话频率等信息收集及飞机飞行数据交流等。

7.3　音响系统原理

在飞行模拟训练器上，音响系统将在有限的区域内将真实飞行过程中飞行员听到的不同声源进行模拟并通过放大器驱动扬声器播放出来，给飞行员提供逼真的听觉感受，体验真实的飞行。

因此，为了完成对真实飞行环境声音的仿真，音响系统应完成声音仿真、声音融合控制及声音传输三部分功能。

1. 声音仿真

声音数据是音响系统的"数据基础"，作为音响系统的声源文件存在。其中，通过声源分析可知，真实飞行过程中存在三种不同情况的声源，而对于声音仿真的实施步骤，可将三种声源分为存储式声音数据和实时通话声音数据，具体划分如图 7-1 所示。

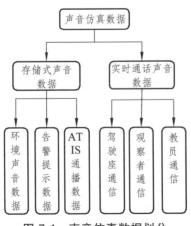

图 7-1　声音仿真数据划分

存储式声音数据包含环境声音、告警提示声音及 ATIS 通播。实时采集声音数据包括正副驾员、教员台及观察员的耳麦及手持话筒之间的实时通话，如教员台模拟的塔台与驾驶员的语音交流。

2. 存储式声音数据

存储声音数据是通过不同声音数据获取方式，以.wav 等音频格式保存在计算机里，在播放时，从计算机中提取相对应的音频数据。

1）环境声音数据

环境声音数据用于模拟飞机飞行不同时刻的设备工作声音、噪声及天气环境声音等，其中包含[1]

（1）地面静止状态开机、关机声音，各种油门位置的发动机声音。

（2）收放襟翼、起落架和扰流板的声音。

（3）飞行过程中的各种声音。

（4）不同状态下的告警提示声音。

（5）各种气象环境声音（雷、雨、降水等）。

（6）非正常的飞机飞行状态声音，包括飞机坠毁声音等。

（7）其他重要的飞机噪声。

为获取这些声音数据，一般可采用以下两种方式：一种是通过采集器采集真实飞机飞行过程环境数据，并以.wav 格式保存下来，在模拟机训练时，调用相关音频数据；另一种方式是分析声音频率信号，建立声音频率分量，通过信号拟合方式，建立相似的信号频谱，转换为相对应的时域音频信号，同样以.wav格式保存。

2）告警提示数据

模拟告警提示源时，由于告警提示声音有如急促告警声音，也有如"pull up"等提示声音。因此，根据发声方式的不同，通过不同的方式进行模拟。如尖锐声音，它属于单一声源，根据对声音三要素的研究，通过改变声音信号幅度与频率，改变声音信号波形，并在播放时不断循环重复，形成连续的急促声音告警。对于"pull up"这种提示声音，可采用事先录制和语音合成技术实时合成。而对于如"pull up"类似的提示音，发声比较固定，因此选择采用事先录制方式以音频格式存储在计算机中，以备以后使用。

3）ATIS 通播数据

ATIS 通播包含的主要内容是与飞行相关的信息，如天气、可用跑道、机场名称、通播发布时间、必要的飞行情报及特殊指令等。它所包含的内容过长且可变性较大，为真实模拟 ATIS 通播，若采用事先存储方式，所需保存内容会很大，实用性不高。因此，可使用文本转语音技术（TTS 技术）[3]。TTS 技术首先需要建立语音库，根据输入文字，标记所有文字特征，并通过与语音库进行匹配，得到最匹配的语音波形文件，它们拼接在一起，形成一组波形信号，最终合成对应的语音播放出来。语音合成技术对文字有很好的转化作用，能真实地模拟出文字的语音发音，现有的语音合成软件包括微软 TTS 语音引擎、讯飞语音平台、腾讯语音平台等。

3. 实时通话声音数据

实时声音数据需要使用麦克风等采集设备采集，而在模拟训练器中，通话设备主要包含主副驾驶员、观察员及教员的耳麦及手持话筒，主要用于各自之间的通话交流及模拟与塔台的通信交流等。

4. 声音融合控制

在真实飞行过程任意时刻，飞行员所听到的声音都不是单一的，而是各种声音随机融合。因此，在仿真时候，结合不同声源信号，调整信号的幅度及频率，以产生声音响度和音调的差异，并利用循环及截取技术，叠加产生形式多变的声源信号，达到对真实声音的逼真仿真。

5. 声音传输

声音的传输依赖于外部介质、放大器及扬声器的支持。现有声音传输介质包括音频电缆、同轴电缆、单线对屏蔽双绞电缆及光纤信号线等。在选择时，应根据传输声音信号特性和外界干扰的程度进行选择[4]。放大器的作用是将衰弱的音频信号进行放大，以驱动扬声器发出声音。

7.4 音响系统设计

由于数字化系统相对于模拟信号系统有利于数据保存，而且在长距离传输中损耗小、抗干扰能力强，根据奈奎斯特采样定理，在模数信号转换过程中，只要采样频率大于模拟信号最大频率的 2 倍，采样后的数字信号可完整保留模拟信号信息。因此在考虑音响系统结构时，将对该系统中所有声音信号进行数字化处理。

音响系统结构包括声音采集、模数/数模转换、存储及声音处理、声音输出部分，整体结构如图 7-2 所示。

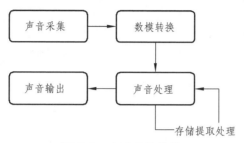

图 7-2 音响系统结构

1. 声音采集及模数转换

声音采集设备为耳麦及手持话筒，通过声波压迫物体产生体积变化，同时改变其电阻，产生变换的电流，得到模拟信号，并根据奈奎斯特定理，对模拟信号采样，完成数字化转变，通过光纤信号线，将数字信号发送给声音计算机。由于数字信号是多通道的，需使用 MADI 接口将多通道信号整合在一起。而 MADI 是工业级别的音频传输协议，包含数据格式及多通道传输特性，能在单光纤线中传输多通道数据，并进行远距离传输。能实现这一功能的设备为 RME 公司的 MADI 系统，它具有高性能的硬件性能、输入输出同步、传输延迟小、跨系统使用及多采样率等特性，如图 7-3 所示[5]。

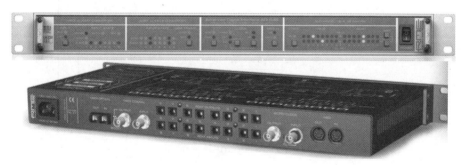

图 7-3 MADI 系统（ADI648）正反面

2. 存储及声音处理

存储及处理的主要设备为声音计算机，通过硬盘存储.wav 格式的声源数据。根据接收的主模型计算机发送的命令与飞行数据，从建立的音源库中提取对应环境、告警报警声音及合成的 ATIS 通播，结合 MADI 系统输入信号，利用语音处理软件，依照声音顺序表，生成新的 MADI 数据，并输出到 MADI 系统，整体流程如图 7-4 所示[2]。

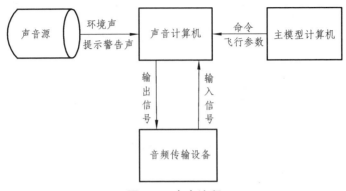

图 7-4　声音流程

而 OpenAL 软件可提供声音编程处理，它是一款跨平台的 3D 音频编程接口，风格与 OpenGL 相似，能提供如衰减、方向性和多普勒效应的音响效果[6]。OpenAL 结构如图 7-5 所示。

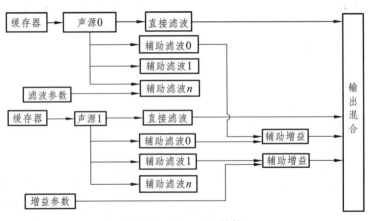

图 7-5　OpenAL 结构

使用 OpenAL 应该注意其三要素，即 Buffer（缓存器）、Sources（声源）、Listener（听者）。其中，声音数据填充在 Buffer 中，并附加到 Sources 上，通过设置相对于 Listener 的位置和方位，能很好地定位和播放 Sources。通过不断地更新 Sources 和 Listener 的相对方位与位置，Listener 能很好地听到三维声音[6-7]，整体的关系如图 7-6 所示。

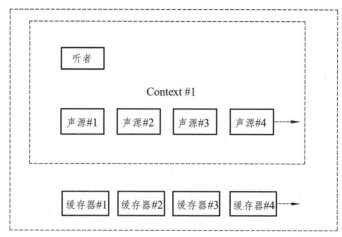

图 7-6 OpenAL 三要素关系

3. 数模转化及声音输出

根据输出数据，需将单通道传输的多通道数据分离出来，并通过 AD 转换器将数字信号转换为模拟信号，利用放大器将信号放大以驱动扬声器及耳麦等播放设备。扬声器的合理布局是用于模拟逼真的环绕声音的一种方式，如图 7-7 所示为某模拟训练器扬声器分布[8]。

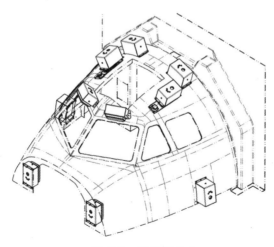

图 7-7 扬声器分布

由图中可以看出，扬声器左右对称分布，为正副驾驶员提供相同的声源发生器，避免两者听到的声音的不一致性。

综上所述，音响系统的设计结构由声音计算机、音频传输设备（功放及转换器等）及扬声器等播放设备组成。其中，声音计算机的作用是生成相关音频信号流、合成所有音频信号流，为座舱内的扬声器提供信号源；音频传输设备则是音频信号流的"桥梁"，主要用途如下：

（1）将输入端（手持话筒或耳麦）采集的模拟音频信号，转换为数字信号并传输给声音计算机。

（2）将声音计算机合成的音频数字信号流转换为模拟信号并通过降噪整流放大等处理传送给相应的扩音器。

扬声器等播放设备应布局成多维度的结构，给飞行员提供环绕立体声，提供更加真实听觉感受，整体结构如图 7-8 所示[3, 8]。

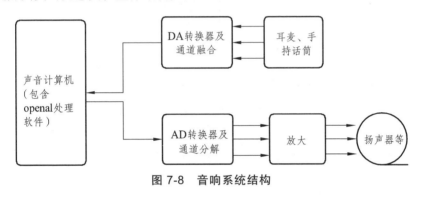

图 7-8　音响系统结构

参考文献

［1］高亚奎，朱江,等. 飞行仿真技术[M]. 上海：上海交通大学出版社，2015.

［2］张戟. 基于 ADAS－X 的数字化声音与音频系统[J]. 科技创新与应用,2016(21):52-53.

［3］金花. TTS 技术在气象预警中的应用[J]. 南方农机，2018，49(5):165.

［4］高俊,等. 浅谈音频信号传输介质-音频电缆[J]. 音响技术，2008(12):19-20.

［5］RME INTELLGENT AUDIO SOLUTIONS. ADI684 product user's guide[S]. 2004.

［6］CREATIVE TECHNOLOGY LIMITED. OPENAL programmers guides[S]. 2007.

［7］LOKI SOFTWARE. OPENAL 1.1 specification and reference[S]. 2005.

［8］MECHTRONIX. Maintenance manual MA600 FFS for CAFUC[S]. 2007.

8　运动系统

8.1　引　言

　　飞行模拟机是在地面上人工营造的一个仿真环境，以模拟飞行器在整个飞行过程中的各种飞行条件、飞行状态和飞行环境。这个仿真环境主要由座舱仪表系统、视景系统、运动系统、音响系统等几大部分构成，从而形成一个交互式的视、听、感三种知觉合一的虚拟飞行环境。在这个环境中，飞行员可以无风险地进行各种科目的训练。运动系统就是构成这种虚拟环境的重要组成部分，它以六自由度运动平台的结构形式，承载模拟飞行座舱，并在计算机实时控制下，绕空间坐标三个轴做俯仰、偏航、横滚旋转运动和升降、侧向、纵向平移直线运动，从而使飞行员感受到飞行过程中产生的过载、重力分量的持续作用感觉以及振动冲击等信息。现代飞行模拟机主要运用液压运动系统，但随着大功率直流电机和矢量控制技术的发展，以及电液驱动和气源辅助等技术的应用，电动运动系统具有越来越大的优越性，所以在飞行模拟领域电动运动系统逐步取代液压运动系统[1, 2]。

8.2　六自由度运动平台

　　运动平台是随着人类工业史的发展而产生、发展的，在 20 世纪 40 年代就出现了运动平台的前生——一种并联振动平台，它由三个水平振动器和三个垂直振动器组成，只可作小幅度振动。真正意义上的六自由度运动平台是由德国的 D Stewart 在 1965 年做出理论设计并首先提出可将六自由度运动平台应用于飞行模拟，这种平台也被称为 Stewart 平台。它最具特征的就是由上下平台和六根驱动杆通过铰接组成的并联机构，六根驱动杆都可以独立运动。正是这种独特的空间构造使 Stewart 平台能在有限空间中产生六个运动分量。现代的六自由度运动平台都与 Stewart 平台大同小异，只是在驱动、控制方式和铰接机构的构造上有很大的变化和发展。六自由度运动平台结构如图 8-1 所示。

图 8-1　六自由度运动平台

从图中可知它主要由①上部平台、②作动筒、③铰接组件组成。运动基座由三个地面基座各自独立地安装于地面，在每一个地面基座上由一个铰接组件连接两个作动筒。铰接组件是由滚珠轴承和圆锥轴承构成的二自由度旋转结构，也称球铰，与之对应的是连接作动筒和上部平台的三个上部基座，由二自由度旋转滚珠轴承铰接组件构成，称为十字铰，它们如图 8-2 所示。

图 8-2　地面基座及铰接组件和上平台铰接组件

这两种铰接组件是现今飞行模拟机六自由度运动平台铰接连接的主流产品，它们具有装配工艺好、运动范围大、精度高的特点，被世界上的一些运动平台主要制造商如荷兰的 MOOG 公司、德国力世乐公司（Rexroth）广泛采用。

8.3　液压运动系统

六自由度运动平台诞生以来，人们认识到它在工业领域具有的重大经济价值和国防战略意义，通过对它的深入研究，促进了机构动力学、机构运动学和控制策略的发展。现在以液压为动力的运动平台已非常成熟，广泛应用于军事和民用领域。

六自由度运动系统的驱动方式在很大程度上决定了运动系统承载能力、运动精度、反应能力等性能指标，是运动系统的关键技术之一。液压驱动方式的突出优点是抗负载刚度大，作动机构的功率质量比大，可以组成体积小、质量小、加速能力强和快速反应的伺服系统来控制大功率和大负载，因此非常适用于大负载的运动模拟器。飞行模拟舱集成了众多飞行模拟设备，又是多人制机组载人舱，同时在模拟飞行环境时，常要在各个轴向上产生大动态的 G 值，所以运动平台上部舱室需要有较高的结构强度，这就使得飞行模拟机运动平台上部舱室大都达到几吨甚至十几吨，如加拿大 MSI 公司制造的奖状 CJ-1 飞行模拟机运动平台（HSE-6-MS-60-C-5/D）承载近十吨模拟舱。液压驱动的六自由度运动平台可以很好地满足此类商用飞行模拟机的性能指标。

1. 液压型六自由度运动系统构成

液压型六自由度运动系统也是一种以 Stewart 构型平台为主结构。因为以液压为驱动动力，除基本的平台构件外整个系统还包括以下主要部分：液压作动筒、储能器、油源以及运动控制计算机等。

这里以在飞行模拟机广泛应用的德国力世乐公司（Rexroth）的六自由度运动系统 HSE-6-MS-60-C-5/D 为例，该系统装设六个 1 524 mm 运动伺服作动筒，伺服作动筒组件主要由液压缸、液压总管、位移传感器、伺服阀、溢流阀、单向阀、节流阀以及活塞杆组成。活塞杆主要由液压静力活塞、活塞杆以及上下两个缓冲垫组成。

该系统的油源是一个完整独立的分系统，包括运动泵、液压油冷却和过滤用的再循环泵、油水热交换器、储能器、过滤器、阀门和传感器、油箱、相关设备等。配置两台 75 kW 电机驱动的运动泵，泵容量可变并能进行压力补偿。运动泵从油箱中吸油，油箱的入口和出口被隔开，以便更好地散热。高压储能器直接安装在油源上，正常工作时，泵、控制阀或者其他液压系统组成部分不会发生气穴现象，阀门也不会震颤。在具体过程中，油源的流量和压力根据需要发生改变。

储能器包括一个压力管道储能器、两个回油储能器、两个压力管道滤油器。

油源控制柜包括带有运动、维护和作动筒控制回路软件的运动计算机，数字和模拟输入输出插卡，与主机的以太网接口，用户安全连锁装置的输入，运动控制机柜中的电子系统部分。

　　位移传感器安装在伺服作动筒中用来实时测量液压作动筒的伸出长度，并将信号反馈给控制系统，控制系统通过它能实时感知六个作动筒的伸出量，就能对运动平台的位置和姿态进行控制。位移传感器的性能直接影响平台位置分析的准确性和控制系统的稳定性，磁致伸缩式位移传感器是一种静态特性好、性能稳定的传感器，广泛应用于现代主流运动作动筒，如图 8-3 所示，其结构是由不导磁的不锈钢管（测管）、磁致伸缩线（波导线）、可移动磁环、脉冲转换电路和位于作动筒底部的小磁铁等部分组成。脉冲发生器产生沿波导线传播的起始脉冲，形成一个环形磁场，该磁场与磁环磁场叠加，产生瞬时扭力，使波导线扭动并产生张力脉冲。这个脉冲以固定的速度沿波导线传回，形成终止脉冲，通过测量实际脉冲与终止脉冲之间的时间差，就可精确测量位移量。

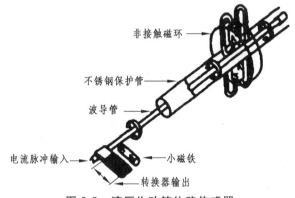

图 8-3　液压作动筒位移传感器

2. 液压作动筒电气控制原理

　　液压作动筒电气控制原理如图 8-4 所示。当飞行模拟机主计算机采集到飞行操纵等参数时，就会计算出三个方向的轴向线加速度、角速度、角加速度及三个姿态角等数据，经过浮点运算等一系列复杂的变换，通过滤波得到能够反映飞行员在飞机座椅上产生的力及其他动感信号作为伺服作动筒的运动驱动信号，驱动信号再经过 D/A 转换变成模拟信号输入至作动筒液压伺服回路，在回路中，信号经过隔离放大、前置滤波、伺服放大后控制电液伺服阀门的开关量，从而控制液压油的进出量。

　　当液压泵向伺服作动筒充压时，在活塞杆与轴承之间以及液压筒内腔壁之间形成一层高压油膜，由于全密闭的原因，这层薄薄的液压油就能产生足够大的液压力，用来支撑和定位活塞杆，模拟机的运动平台随着活塞杆的移动来进行上下、左右、前后的运动从而控制作动筒的伸缩量，同时也可以防止活塞腔内外壁的接触摩擦以保护伺服作动筒。同时,作动筒内的位移传感器和压力传感器也会提供压力及位置反馈信号,结合控制信号,共同控制电液伺服阀使作动筒到达精确的位置。

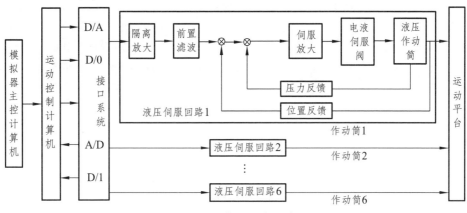

图 8-4   液压运动系统

当模拟机运动系统工作时,运动控制计算机通过磁致位移传感器实时采集作动筒的位置信号,然后将作动筒位置反馈给运动计算机,计算机把作动筒位置的给定值和实际值进行比较,并将差值发送给控制阀,由控制阀来调节油量进出的多少。在作动筒运动的临界位置安装了一个微型限位开关来检测活塞杆的完全缩进位置,一旦超过最大行程,将触发限位开关,运动系统立即启动安全保护,中断作动筒运行,并将运动平台缓慢放下。

3. 作动筒液压控制原理

液压系统的工作原理实际上就是能量的转换与传递的过程。液压部分由电机、液压泵、各种控制阀以及液压马达完成电能 → 机械能 → 液压能 → 机械能的转换,如图 8-5 所示,即是液压系统的大致构成和能量流向。

图 8-5   液压能量传递

以 HSE-6-MS-60-C-5/D 六自由度运动系统为例,它的作动筒液压控制原理如图 8-6 所示。此作动筒内部油缸采用静压伺服油缸的结构，它的油缸摩擦力小于 0.3%最大有效载荷，能充分满足飞行模拟机运动平台载荷要求。作动筒上腔与压力油管相连并保持导通，液压油由电液换向阀控制作动筒下腔流入流出。当进油压力大于 12.2 MPa 时，若电液换向阀 5 不工作，此时该换向阀处于常开位，液压油通过节流阀 6 直接回油进油缸。当在计算机控制下，换向阀 3、4 工作，电液换向阀 A 工作，使 AP、BT 联通时，液压油通过 M 进入作动筒下腔 F，使作动筒伸长；当 AT、BP 位连通时，作动筒下腔 F 形成负压，作动筒里的液压油通过节流阀 6 回油，此时作动筒伸出部分缩回。

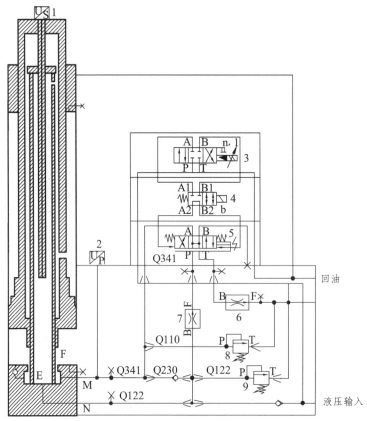

1—磁位移传感器；2—压力传感器；3、5—电液换向阀；
4—电磁换向阀；6、7—节流阀；8、9—节流阀

图 8-6　作动筒液压控制原理

此套系统的油路控制主要由节流阀、单向阀、溢流阀和具有故障显示功能的电液伺服阀完成。如果作动筒向极限位伸出或缩回，设计有 75 mm 的缓冲行

程，并且作动筒在缓冲过程中的运动速度由硬件限制在不超过 0.688 m/s，以防止在缓冲过程中过载。

作动筒安装有压力传感器以测量下腔内部液压油的压力，此压力信号是系统的安全信号并反馈给控制系统。作动筒内部顶端还安装有一个磁致位移传感器，传感器的电缆从作动筒活塞杆的上端连接传感器电路盒。作动筒外还固定有一个微型限位开关检测活塞完全缩进时的位置。这三个信号都是控制系统感知作动筒状态的重要反馈信号。

4. 液压型六自由度运动平台的不足

液压驱动从动力性能方面看有很大的优势，适用于大载荷运动平台，并且液压系统的油液能对运动部件起到润滑的作用，并通过液压油把热量带走，起到一定的冷却作用。但液压运动系统也有很多不足[3]。① 液压运动系统运行时必须保持一定的油压，所以运动泵必须持续工作，能耗较大。运动泵工作时，有很大的噪声，所以液压泵站必须与运动平台隔离，使得运动系统的空间布置有很大局限。② 液压运动系统长期运行过后，液压管道、接头和密封件不可避免会出现渗漏，这一方面污染环境，另一方面造成液压油压力波动或降低，使液压弹簧刚度降低，降低运动平台运行时的定位精度。③ 液压系统中的各种控制阀如节流阀、单向阀、溢流阀、电液换向阀对液压油的洁净程度要求较高，必须保持液压油的洁净度以免阀孔堵塞，所以必须定期更换液压油，使运行成本增高，废油也必须由专业人员回收处理。④ 作动筒的上部腔体和下部腔体都有与之对应连接的储能瓶，为了保证系统的正常运行，这些储能瓶中充的氮气必须保持一定的压力值，需要定期对储能瓶的气压进行测试或补充氮气，增大维护成本和维护难度。

8.4 电动运动系统

纯电动运动平台在工业并联机器人、数控机床、军用随动系统等领域得到了很多的应用。它与液压运动平台相比，具有运动精度高、动态响应快的优点，由于不需要液压油源系统，它还具有噪声低、无污染等优点。但在一些平台载荷较大，要求长时间连续运行的场合，如模拟飞行训练，纯电动运动平台的驱动电机输出的扭矩不但要长时间承担平台静载荷，还要随指令产生线加速度，因此电机的负载和能耗会显著增大，并且作动筒丝杠等主传动机构也会因损耗过大而缩短使用寿命。

　　为使电动平台更好地应用于大载荷运动模拟环境，一种与电动运动平台集成在一起的气源辅助支撑系统应运而生，且已经有了非常成熟的产品。集成式气源辅助支撑系统是一种被动系统，它由与电动作动筒集成在一起的加压空气活塞支撑起运动平台的静载荷，使整个平台悬浮起来，产生类似于悬浮在弹簧上的效果。作动筒驱动电机仅用来产生线加速度。这就大大减轻了电动作动筒的负荷和损耗，使六自由度电动运动平台能应用到大载荷且需长时间连续运行的运动模拟环境[4]。

1. 气源辅助支撑电动运动系统主要构成

它主要由三部分组成：六自由度运动平台、气源系统、控制系统。

1）气源辅助电动作动筒

气源辅助支撑电动运动系统的六自由度运动平台仍然是典型的 Stewart 构型六自由度运动平台，平台上下基座以及铰接机构都是传统结构。它最显著的特点是电动缸与气动缸合二为一的运动作动筒。作动筒的外形如图 8-7 所示。

图 8-7　电动作动筒外形

　　此作动筒的外形结构和尺寸与传统的液压作动筒并无明显差异，这就使气源辅助支撑作动筒有很好的兼容性和适装性。世界上一些大的运动系统生产商如荷兰 MOOG 公司的 E-Cue 系列就是很成熟的产品，已经普遍应用于飞行模拟机。这里以 E-Cue 系列运动系统作动筒为例进行讲解，其内部结构如图 8-8所示。

　　电动作动筒的主体是滑动轴承连接的钢制伸缩套管式电动缸体结构，它的内部安装了一个空气承压活塞和一台直流无刷电机。直流无刷电机的转子与电动缸中的传动滚珠丝杠连接，滚珠丝杠再与密封空气活塞连接。在运动平台需要升起时，电动缸中由气源供给 1 MPa 压力的干燥洁净空气，承担平台升起至中立位的静载荷，此时从作动筒编码器的底部至活塞（滚珠丝杠）都被加压，此电动缸也即成为加压空气缸。

　　在直流电机工作时，丝杠将直流电机转子的旋转运动转化为直线运动，推动活塞运动，六个作动筒在计算机的指令下协同动作，从而使运动平台产生六自由度运动。滚珠丝杠传动机构具有良好的加速性和承载力，其刚性和抗振动性能也极为优越，能制造出强烈的瞬时加速度和持续受力感。

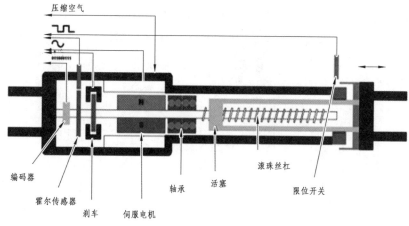

图 8-8 电动作动筒内部结构

2）气源系统

辅助气源系统由空压机、缓冲储气罐、空气干燥机、主储气罐等组成，并由承压软管相连接，系统构成如图 8-9 所示。

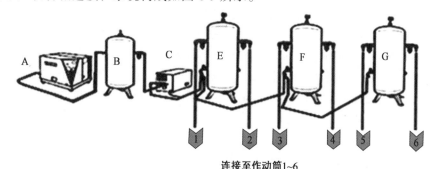

连接至作动筒1~6

A—空压机；B—缓冲储气罐；C—干燥器；E、F、G—主储气罐

图 8-9 气源系统

气源系统的工作介质是空气，空气易得且无污染。空压机将空气加压进缓冲储气罐，加压上限设定为 1.4 MPa，达到此压力时，空压机自动停机。缓冲储气罐中的加压空气再经过干燥过滤器通过调压阀供给三个主储气罐，每个主储气罐有两个空气出口通过电磁阀和承压管道直接与两个作动筒气动缸相连。三个主储气罐的压力上限设定为 1 MPa，当压力低于 1 MPa 时，由缓冲储气罐补气。

在运动系统正常运行期间，压缩机对漏气和作动筒释压造成的系统气压降低进行间断性的补偿，所以压缩机的工作是间歇性的，这也降低了能源消耗。

2. 气源辅助式电动运动系统的工作原理

气源辅助式电动运动系统中，控制整个系统工作的核心是运动计算机和伺服放大器，它们与安装在电动作动筒上的编码器和位置传感器构成了完整的闭环控制电路，系统框架如图 8-10 所示。

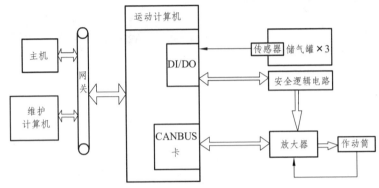

图 8-10　系统框架

在模拟飞行过程中，模拟机的主控计算机根据对应飞机的空气动力数据包和发动机参数以及实时获取操纵系统的输入，按照飞机的运动方程进行飞行数学模型的解算，并将解算出来的飞机在各种飞行状态下的飞行参数下传输到运动计算机。飞行参数主要包括俯仰、偏航、横滚三个轴向的角速度、角加速度、线加速度及姿态角等参数。运动计算机中的运动驱动软件将这些参数依据运动驱动算法转换为六个作动筒的协同动作从而形成运动平台的线加速和角加速运动，模拟出接近真实的飞行过程中的动感体验。

运动计算机通过 CANBUS 总线与伺服放大器接口，同时它通过 DI/DO 接口卡与作动筒位置传感器和安全逻辑电路接口，构成闭环控制回路。运行在运动计算机中的运动控制器软件控制每个作动筒的状态，并以速度、位置、加速度作为反馈，在运动驱动软件指令下解算闭环伺服数学模型。运动控制软件还具有速度和动态加速度限制功能，在作动筒伸出至极限位置或在回收时限制其动作速度和加速度。伺服放大器将运动控制软件解算的作动筒信号经滤波、放大后直接输出给电动作动筒内置的直流无刷电机，控制电机的动作。同时，它还通过传感器监控电机的转速、电流、温度，当这些参数超限时，伺服放大器可直接停止电机工作并激活作动筒机械刹车，使作动筒立即处于冻结状态，避免意外事故发生。

运动计算机通过 TCP/IP 协议与模拟机主控计算机组成局域网进行数据通信，同时局域网上可以连接维护计算机以监控运动系统状态和调试各项参数。

8.5 运动系统品质测试

《飞机飞行模拟机鉴定性能标准》中客观测试 QTG（Qualification Test Guide）即是以飞机制造商提供的鉴定测试指南进行测试。鉴定测试指南是一份验证模拟机性能和操纵品质的文件，它要求在规定的容差范围内飞行模拟机的气动特性应与所模拟飞机的气动特性一致，并要满足现行民航法规的要求。其中对运动系统有相应要求，下面对几个关键测试进行讨论。

1. 运动平滑性测试

对于飞行模拟机的运动平台来说，运动平台的性能要求更侧重于在六个轴向上的加速度对飞行员运动感觉的逼真度，因此对运动平台的加速度和突发加速度变化率的控制精度有较高的要求。即鉴定测试指南中的运动平滑性测试：以 0.5 Hz 的正弦信号驱动作动筒，当信号方向改变时，噪声必须在容差 0.04 g（0.392 4 m/s）以内。如图 8-11 所示为某飞行模拟机的测试结果，噪声为 0.020 8 g，小于 0.04 g 的容差，表明该运动平台具有很好的运动平滑性。

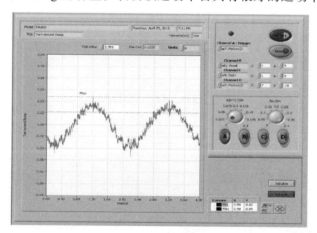

图 8-11 运动平滑性测试

2. 交叉耦合运动测试

运动平台各个作动筒的交叉耦合运动主要是指某一个或部分作动筒受输入信号驱动而运动时，没有被驱动的作动筒将产生干扰运动。这种耦合干扰运动的存在，会使运动平台产生不可控的加速度扰动。这种扰动会直接影响运动平台的运动逼真度。

鉴定测试指南给出的交叉耦合运动测试的容差为耦合干扰运动（窜扰）≤

2%。用频率 0.5 Hz 正弦信号驱动 1～6 号作动筒，得出测试结果。如图 8-12 和表 8-1 所示为某飞行模拟机的测试结果。

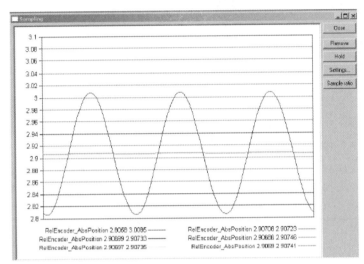

图 8-12　交叉耦合运动测试

表 8-1　测试结果数据

驱动的作动筒	位置	作动筒					
		Ac1	Ac2	Ac3	Ac4	Ac5	Ac6
1	min	2.805 8	2.907 1	2.907 0	2.906 9	2.907 0	2.906 9
	max	3.008 5	2.907 2	2.907 3	2.907 5	2.907 4	2.907 4
	displacement	0.202 7	0.000 2	0.000 3	0.000 6	0.000 4	0.000 5
	crosstalk(%)	N/A	0.074 0	0.167 7	0.296 0	0.187 5	0.251 6
2	min	2.907 1	2.805 9	2.968 8	2.907 0	2.906 9	2.907 0
	max	2.907 2	3.008 5	2.907 4	2.907 4	2.907 4	2.907 3
	displacement	0.000 2	0.202 5	0.061 4	0.000 4	0.000 6	0.000 3
	crosstalk(%)	0.074 1	N/A	30.303 2	0.187 6	0.281 5	0.162 9
3	min	2.907 0	2.906 9	2.805 8	2.907 1	2.907 0	2.906 9
	max	2.907 4	2.907 5	3.008 5	2.907 2	2.907 3	2.907 4
	displacement	0.000 4	0.000 6	0.202 7	0.000 4	0.000 4	0.000 6
	crosstalk(%)	0.187 5	0.300 9	N/A	0.083 9	0.172 7	0.278 2
4	min	2.906 9	2.907 0	2.907 1	2.805 8	2.906 9	2.907 0
	max	2.907 5	2.907 4	2.907 2	3.008 5	2.907 5	2.907 3
	displacement	0.000 6	0.000 4	0.000 1	0.202 7	0.000 6	0.000 4
	crosstalk(%)	0.301 4	0.187 0	0.064 3	N/A	0.294 5	0.181 6
5	min	2.907 0	2.906 9	2.907 0	2.906 9	2.805 9	2.907 1
	max	2.907 4	2.907 5	2.907 4	2.907 4	3.008 5	2.907 2
	displacement	0.000 4	0.000 6	0.000 4	0.000 6	0.202 7	0.000 1
	crosstalk(%)	0.192 4	0.298 5	0.198 4	0.282 2	N/A	0.063 2
6	min	2.906 9	2.906 6	2.906 9	2.907 0	2.907 1	2.806 0
	max	2.907 4	2.907 4	2.907 4	2.907 3	2.907 2	3.008 3
	displacement	0.000 5	0.000 8	0.000 6	0.000 4	0.000 1	0.202 3
	crosstalk(%)	0.265 9	0.380 1	0.281 3	0.185 9	0.063 3	N/A

从图表中的结果（加框的 crosstalk 数据）可以看出此型电动运动平台六个作动筒的耦合干扰运动（窜扰）都远远小于 2%。这显示了电动运动平台具有良好的抗耦合干扰运动的能力。

3. 飞行模拟测试

在实际飞行模拟中，飞机气动构型的变化，以收襟翼为例，发动机动力保持不变，飞机的空速将因主翼气动外形变动导致阻力变化而随之产生空速的变化，迎角等一系列飞机的空中姿态都会发生变化，所模拟飞机的模拟机运动系统也必须做出相应的动作以体现飞行员在座舱中的感觉。此项测试并不是局方法规规定的 QTG 测试，但可依此观察运动平台的反应速度。某飞行模拟机测试结果如图 8-13 所示。

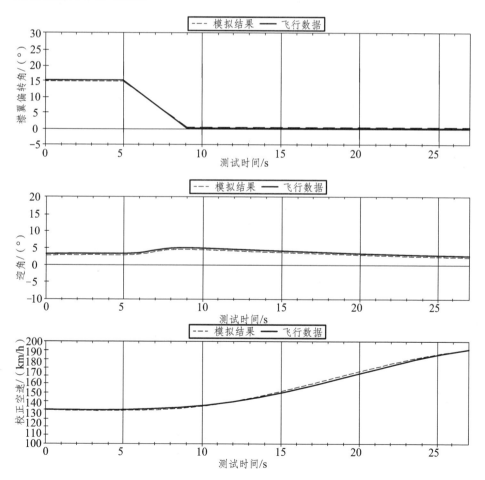

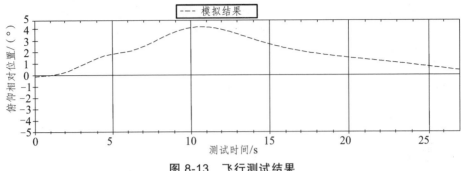

图 8-13　飞行测试结果

从测试图中可以看出，在第 5~10 s 襟翼从 5°收回至 0°时，运动平台迅速做出了响应，在第 10 s 襟翼收到 0°时运动平台体现出来的飞机俯仰动作达到最大，充分体现出了电动运动平台优异的速度反应性能。

参考文献

[1] MECHTRONIX. Ascent® A320-200 ZFT® FFS X® maintenance manual[S]. 2008.

[2] R VAN DER HOLST. E-Cue 660-8000i electric motion system for mechtronix[S]. 2007.

[3] 肖志坚.CJ1 飞行模拟器运动系统与故障分析[J]. 机电技术，2013，36(5):8-9.

[4] 王勇亮，等，飞行模拟器六自由度运动平台的位置分析与测量控制[J]. 计算机测量与控制，2005，13(11):1243-1244.

9　飞行模拟机的其他相关内容

9.1　教员控制台系统

教员控制台（Instructor Operating Station，IOS）是飞行模拟机系统的重要组成部分，是飞行模拟机训练中最主要的人机交互装置，所有以飞行教员或检查人员为主导的训练/检查都通过或围绕着教员台来规划与实施的。

1. 要求与需求

1）法规要求

新修定的《飞行模拟设备的鉴定和使用规则》中对教员控制台系统做了以下要求[1]：

"附录 A　飞机飞行模拟机鉴定性能标准"。

"附件 1　飞机飞行模拟机一般要求"。

"第 60.A.1.3 条　模拟机最低要求"。

"4. 教员或检查人员使用的设备"。

"b. 模拟机应当安装控制机构，使教员或检查人员可以控制所需的全部系统变量，将运营人的机组使用手册中描述的全部非正常、紧急条件输入到模拟机。"

"c. 模拟机应当有教员或检查人员能够设定风速和风向的功能。"

"d. 模拟机应当有教员或检查人员能够设定地面和空中危险情况的功能。"

"6. 视景系统"。

"e. 模拟机教员台应当可以进行下列控制：

（1）云底高；

（2）能见度（以公里或英里为单位）和跑道视程（以米或英尺为单位）；

（3）机场选择；

（4）机场灯光。"

2）功能需求

教员台是飞行模拟机训练中教员或检查人员用来实施飞行训练/检查所倚重的唯一人机交互设备[2]。模拟机维护人员也需要通过教员台进行一些模拟机鉴定、维护方面的工作，教员台还需要按照运营方的要求去满足机务培训等方面的需求。所以仅仅遵循法规是远远不够的。

2. 典型结构

典型的教员台以位于模拟舱非模拟区域的教员席为中心布置。由两部触摸屏显示图文界面作为主控平台，辅以按键形式的快捷键，周边配置与座舱系统相同的通信面板、送话器、氧气面罩。在教员触手可及的地方还设有模拟舱灯光、温度、操纵、运动的控制面板，操纵、运动、总电源、火警的应急关断及报警按钮。如图9-1所示为典型教员台布局。如图9-2所示为教员台与飞行模拟机系统的关系图。

3. 功　能

不同厂商、不同时期的模拟机教员台软件的结构、功能会有不同之处，但总体来说基于对真实飞机的模拟以及飞行训练体系的相对成熟，教员台系统软件有比较成型的结构与功能[3, 4]。如图9-3所示为两种教员台页面层级。

教员台系统应具有以下功能。

（1）控制功能：对应急系统的控制；对模拟机状态控制，如模拟声音的音量，操纵加、卸载，运动平台升、降，视景开、关，非模拟区域灯光调节等。

（2）设置功能：对所模拟飞机的位置、性能、状态、环境天气、通信、导航、勤务以及训练课程、故障等进行设置。

（3）显示与监控功能：监控模拟机状态，并协助教员/检查人员监控飞行员各方面的表现。对飞机，环境参数，飞行曲线，飞行轨迹的二维、三维态势进行显示。

（4）计划与讲评功能。从硬件与软件上强化计划与讲评功能是IOS系统的一种趋势。

（5）存储功能：能够对飞行训练的数据、图像进行记录，能够存储一定数量的飞行计划与课程。

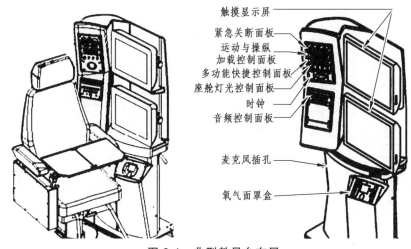

触摸显示屏
紧急关断面板
运动与操纵
加载控制面板
多功能快捷控制面板
座舱灯光控制面板
时钟
音频控制面板

麦克风插孔

氧气面罩盒

图 9-1　典型教员台布局

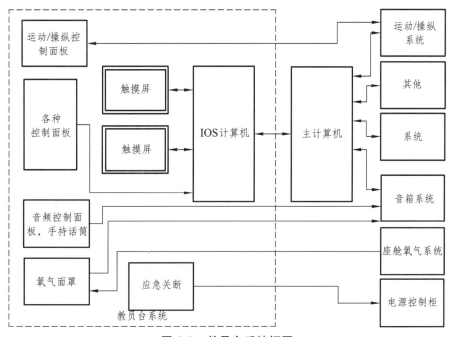

图 9-2　教员台系统框图

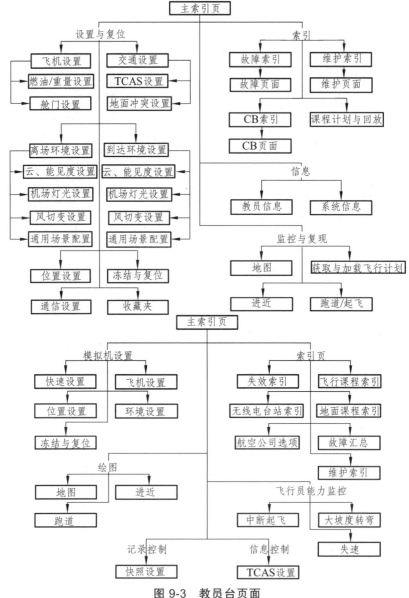

图 9-3　教员台页面

（6）帮助与索引功能：提供教员台各种功能、页面的说明与索引。

（7）用户编辑功能：设有密码的图形编辑器，使用户可以方便地定义和修改教员台页面。

在目前技术与应用条件下，飞行模拟机教员台的结构与功能是相对成熟与稳定的，其提供的人机交互功能也是实用与高效的。可预见一段时间内，其结构与功能不会有根本的变化。细化其功能，为用户提供更加个性的选择，为教员与检查人员提供更为全面与便捷的飞行模拟训练/检查选项是教员台系统发展的方向。

9.2　基建与环境

飞行模拟机作为一种复杂的特殊设备，对于基建、附属设施、支持设备、周边环境等有很多特殊的要求[5]，本节将对其进行讨论。

1. 基　建

飞行模拟机大楼是以保障模拟机运行为中心任务的综合性建筑。在符合正常的基建要求以外，为使模拟机安全、持续、高效地运作，对基建方面有很多特殊的需求。需要从筹备阶段开始就对基础设施、设备进行科学而细致的设计，选择施工、监理，以尽量减少在模拟机投入运行后，因周边建筑、设施、设备构建、设置不合理而导致的各种"因小失大"。基建的图纸应该妥善保存，在日后的改造、使用、维护工作中都会用到。需要指出的是，基建方面的错误或瑕疵在模拟机设备安装并投入使用后，再进行修正的代价往往是非常高昂的。

1）冷却用水

这里的水是指进行热交换的冷却/冷凝水。制冷设备、储水箱与模拟机大厅、机房、配电室等电力设施集中区域要有足够的距离。设备、管路应该有较高的质量与使用寿命。足够的保温措施，防护设计也是必要的。对水质应重视，水质过硬，杂质过多都会减少管路、设备（包括模拟机相关设备）的使用寿命。管路布置应该规范合理，标示清晰明了，资料齐整。

2）动力电

专用线路通过变压器接入训练中心的配电室，再分配到如中央空调、水泵、冷却/冷凝水系统等处，以及经模拟机大楼配电室分配到动力室的各模拟机机位配电柜。安全、稳定、可靠是对模拟机用电的要求，电力设施、设备的设计、选取与施工、监理的各个环节都必须严格把控。大到设备选取与布局、小到每条线的装配都应安全、规范。线路布置应该规范合理，标识清晰明了，资料齐整。

3）空　调

这里的空调泛指模拟机大厅的冷、暖风机，新风机，除湿机，精密空调等。模拟机系统是电子设备高度集中的大系统，至少应为计算机机房配置 24 h 工作的精密空调，并设有温度、湿度监控与报警装置。在有条件的情况下，应为整个模拟机系统所涵盖的尽量多的区域（模拟机大厅、机房、动力室等）配备精密空调，为模拟机的运行与使用创造一个良好温度、湿度、清洁度的环境。整个空调系统应该是能够长期稳定工作、日常维护（如更换滤网）便利、冷凝水排放顺畅的。管路规范合理，标识清晰明了，资料齐整。

2. 模拟机大厅

模拟大厅用于安放模拟机，其尺寸对照规划的机位数、模拟机运动包线，进行确定。一般的每个机位应不小 17 m（长）×15 m（宽）×13 m（高）。大厅地板应该根据所规划机型有足够的承重能力，模拟机安装基座应是整体浇筑且独立于大厅地板的。大厅应具有安装与运作规定载荷航吊的能力，为模拟机安装调试和以后维修方便，建议安装 2 t 以上行吊。

3. 机　房

从运作与维护的角度出发，机房应尽量集中布置。每台模拟机就近对应一个足够面积的设备位，一般的每台模拟机应该拥有不少于 40 m² 的机房地面面积。机房应按照计算机机房的标准进行构建。

4. 动力室

应就近于模拟机安放点及机房设置动力室，以集中式为佳，用于外部电力的引入，油源、气源、电源、空调等设备、设施的安放。动力室的给、排水设施、供电设备、线路应是设计合理且有预见性、布局规范、构建高标准的。动力室是主要室内噪声来源，应做好防、降噪处理。

另外需要注意的是，水、电、空调等系统，模拟机大厅、机房、动力室等建筑应对鼠类有防护措施。

5. 维护维修通道

应对建筑物外部通往模拟机大厅、动力室、机房的路径进行规划、设计与指定。原则上通道应能使对应区域内的最大部件通过该通道进行移动，也能使需要的工具、载具顺利到达该区域的任意指定地点。例如，要能使叉车到达大厅的模拟机周围，轻便的葫芦吊或起重支架能在动力室正常展开等。

6. 功能间

1）练习器室

一般按照每两台模拟机配置一台练习器进行设计，练习器室应该有足够的面积与高度。

2）休息室

至少应该有一个设施齐全的休息室，配备专门的服务人员。应按照模拟机/练习器的台数，确定足够的使用面积。

3）准备与讲评室

每台模拟机/练习器应配备一间准备室、一间讲评室，讲评室应与对应的模拟机以有线网络连接。

4）维护办公室、值班室

根据模拟机/练习器的台数就近规划足够的维护办公、值班区域。

5）教　室

因根据训练机构职能及教学规划配备足够的教室。

6）其　他

其他办公室、零备件库房、工具设备间、修理间、监控室等均应合理布局。

9.3　模拟机动力电源

1. 外部电力的引入

380 V 动力电从外部引入动力室内的配电柜，经过稳压与转换，送达机房配电柜。如图 9-4 所示为典型的飞行模拟机电源框图（使用电动运动系统）。

2. 不间断电源（UPS）

对于模拟机系统，不间断电源（UPS）是很重要的。它对提高模拟机的安全性、稳定性，延长有效使用寿命，降低故障发生率及维护成本具有很现实的意义。与 UPS 对模拟机带来的好处相比，对 UPS 的投入是相当值得的。

通常，除液压运动系统、空调系统以外，模拟机全系统的电力都应通过UPS 接入。应当在接入 UPS 的模拟机设备总能耗的基础上对 UPS 的规模进行规划，并结合电池使用寿命期对 UPS 的容量留出足够的裕度。在外部电源切断的情况下，能保证模拟机主体还能稳定工作一段时间，足够进行飞行人员的撤离、模拟机设备完成相关的 SOP，对电力敏感设备（如计算机存储设备）有足够长的继续运行时间以待外部电力的恢复等。

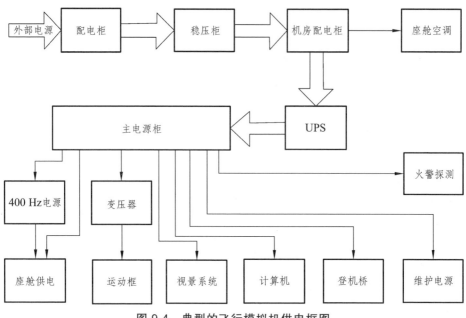

图 9-4　典型的飞行模拟机供电框图

UPS 的下一级是主电源柜，主电源柜将电力分配给模拟机的各分系统，并提供电源保护。

9.4　模拟机辅助系统

模拟辅助系统包括为驾驶舱降温的空调系统、用于驾驶舱起火模拟的烟雾发生器和快速换气系统、氧气面罩供气系统、登机桥、应急系统和周边设施。

1. 座舱空调系统

模拟机的空调系统能为座舱电子设备降温，并为座舱中的人员提供适宜的训练环境。同时模拟座舱烟雾的烟雾发生器也往往集成在座舱空调中。模拟机座舱是众多电子设备高度集中的区域，发热量很大，对空气流量与制冷量有较大的需求。在各主要管路、重要设备的通风管路、排气管等处均设有空气流量传感器，对空气流量进行监测。如图 9-5 所示为典型座舱送风管路布局，如图 9-6 所示为回风管路，该回风管路可以通过增加风机转速迅速更换驾驶舱空气，尤其是驾驶舱失火演练时。

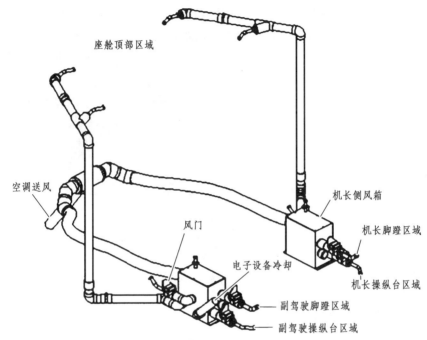

图 9-5　典型的座舱送风管路布局

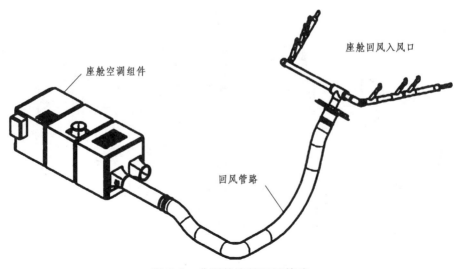

图 9-6　典型的座舱回风管路

2. 烟雾发生器

一般的，模拟机应具备烟雾产生和清除能力，以对驾驶舱电气火灾、空调烟雾、断路器面板烟雾进行模拟。烟雾发生器往往与座舱空调集成为一体，使用无毒无残留的发烟剂产生烟雾。如图 9-7 所示为烟雾发生器管路分布。如图 9-8 所示为座舱空调以快速排烟模式运行状态。

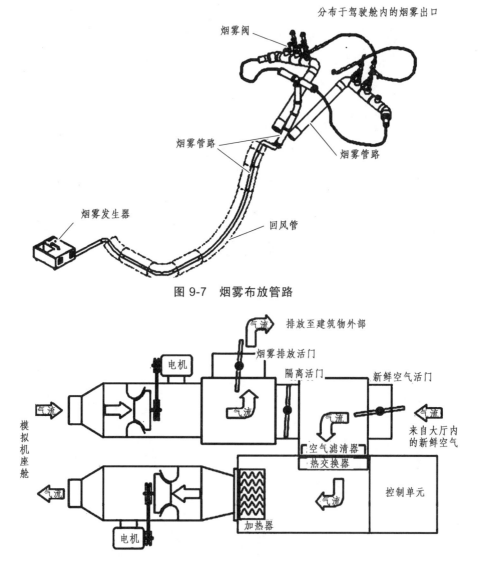

图 9-7　烟雾布放管路

图 9-8　烟雾排放时座舱空调工作示意图

3. 模拟机座舱氧气系统

座舱氧气系统为机组成员提供通过空压机加压，并经过过滤、干燥、压力调节等处理的清洁空气，以对模拟机参训人员应急训练中必需的氧气进行模拟。如图9-9所示为典型模拟机座舱模拟氧气供应系统。

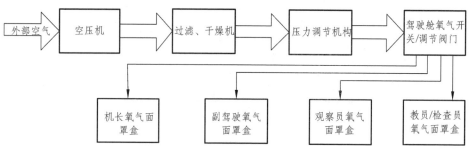

图9-9　典型的模拟机座舱氧气供应系统

4. 模拟机登机梯

登机梯作为正常进出模拟机舱的唯一途径，需具备安全、性能可靠、轻便、操作便利和能在应急情况下进行操作等特点。目前的模拟机登机梯往往采用电动作动筒来驱动登机桥的升降。在座舱内部舱门附近、登机桥走廊旁均设有控制面板，可以对登机桥进行收上、放下、停止等操纵。登机桥的升降与运动平台的升降相关联，并从座舱外廊门、登机桥升降位置微动开关、运动应急关断等多处对登机梯进行互锁。只有收到登机梯收上锁定且没有其他相关异动信号的前提下，运动平台才能升起或保持正常运行状态。否则，运动平台将不能升起或从正常运行状态应急回复至运动平台低位。在登机桥收放时，座舱外廊门打开，登机桥将停止动作。

5. 模拟机应急系统

1）防　火

模拟机火警与过热探测：模拟机座舱区域配置手动/自动灭火系统以进行座舱火情的探测与消除，座舱区域也配置有便携式灭火瓶。如图9-10所示为飞行模拟机座舱灭火系统。

2）应急关断与撤离

模拟机在教员台、电源控制柜、运动控制柜、视景平台等多处设置了应急关断按钮。在发生火灾或其他紧急情况时，触发应急关断按钮，此时应急照明灯点亮，在20 s内运动平台落至最低位置，登机梯放下。在座舱门上设置了外踢式紧急出口，座舱外廊地板下存放有逃生软梯。

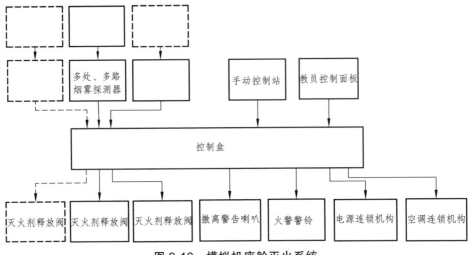

图 9-10　模拟机座舱灭火系统

6. 周边设施设备

1）网　络

模拟机区域应有 WIFI 覆盖，模拟机与机房以有线网络连接，模拟机与讲评室以有线网络连接，各功能室应以有线网络连接且被 WIFI 覆盖。机房与模拟机厂家有专线连接。

2）监控系统

所有公共区域均应有监控设备。模拟机内部监控按照训练要求或法规进行安装与连通。

3）工　具

模拟机专用工具：各种专用测量测试设备、QTG 设备、视景调试设备、维护电脑等。大型工具：行吊、千斤顶、垫木、葫芦吊等。公用工具：大型工具箱、值班用工具包、检测与维修间内各种设备等。个人工具：维护人员个人配备简易便捷的工具箱/包，日常值班/维护中常用的工具、器件。

参考文献

[1] 中国民用航空局飞行标准司. 飞行模拟设备的鉴定和使用规则[S]// CCAR-60 部. 2005.

[2] 熊海国,等.面向对象的商用飞行模拟机教员台设计与实现[J]. 计算机工程与应用，2010，46(34):219-223.

[3] 王庆伍. 浅谈飞行模拟机训练中心大楼的建设[J]. 民航资源网论文库，2008.

[4] MECHTRONIX. Maintenance manual MA600 FFS for CAFUC[S]. 2007.

[5] CAE. Boeing B737 FBS upgrade to FFS for CAFC[S].1995.

10　小鹰500飞行训练器研发案例

10.1　引　言

小鹰500是由中国航空工业第一飞机设计研究院设计、石家庄飞机工业有限责任公司生产、中国民航飞行学院参与研制的轻型多用途飞机，是我国第一架按照中国民航适航条例设计生产、拥有自主知识产权的轻型多用途飞机，其综合性能达到或接近国外同类机型先进水平，填补了中国通用航空在 4~5 座轻型多用途飞机上的空白。"小鹰 500 飞行训练器研制"是中国民用航空飞行学院课题组负责承担的中国民航局重点科研项目（项目编号 MHRD0617）。其目的是对小型飞机飞行训练器的关键技术进行研究，项目成果具有完全自主知识产权。按照 CCAR-60 部小型飞机飞行训练器标准，研制完成小鹰 500 飞行训练器样机，获得国家发明专利和中国民航局科技进步二等奖。

小鹰 500 飞行训练器研制方法、关键技术，可用于该类飞机飞行训练器开发，本章将对小鹰 500 飞行训练器的研发方法、过程进行阐述。

10.2　总体设计

小鹰 500 飞行训练器包括飞机驾驶舱、飞机仪表系统、接口系统、操纵杆力负荷系统、飞行动力学仿真、飞机系统仿真、视景系统、教员控制台、音响系统等子系统。

飞机驾驶舱和飞机仪表系统提供 1：1 的飞机驾驶舱模拟和飞行状态呈现；计算机接口系统担负计算机和飞机座舱设备之间的信息交换以及电平变换，数据采集和控制驱动执行部件的功能；操纵杆力负荷系统为驾驶员提供模拟的驾驶杆力，提供操纵感觉；飞行动力学仿真通过解算飞机六自由度运动方程，实现飞机在空中、地面各种正常和非正常的飞行状态模拟，是飞行训练器的数据源泉，也是飞行训练器的核心子系统之一，还是飞行训练器是否满足等级鉴定要求的重要环节；飞机系统仿真完成飞机系统及其逻辑的仿真，主要包括导航系统，通信系统，电源系统，信号灯光系统，自动飞行系统，发动机启动、试车、关车逻辑等；视景系统为飞行员提供虚拟机场环境；教员控制台用于完成训练器电源控制、飞机状态监控和设置、机场及飞机位置设置、环境控制、飞机系统故障设置、冻结和重定位等多种功能，飞行教员通过教员控制台可完成法规规定的课程设置。在音效系统方面由驾驶员操纵动作导致的训练器驾驶舱主要声响应与相同情况下在飞机上听到的一致。

这些子系统通过计算机接口、网络由实时调度管理软件进行管理和调度，完成子系统间的通信和数据交换。

飞行动力学仿真、飞机系统仿真、视景系统、教员控制台、音效系统仿真几个部分为纯软件系统，其余部分为硬件结合软件实现的仿真系统。各子系统的关系如图 10-1 所示。子系统之间通过接口系统和网络进行通信和数据交换。

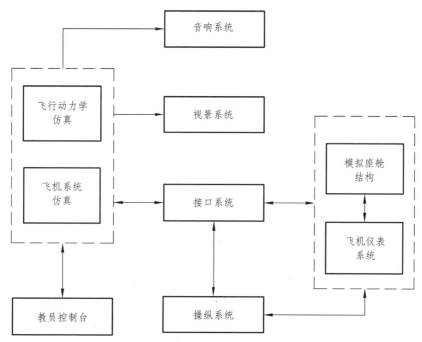

图 10-1　飞行训练器各子系统关系

整个系统由五台高性能计算机组成，其中飞行动力学仿真、飞机系统仿真、音效系统、飞机仪表系统、接口系统输入输出等功能集中在一台计算机中完成，视景系统为三通道环幕投影系统，由三台计算机驱动，教员控制台由一台计算机完成。计算机之间通过网络交换数据。

10.3　模拟驾驶舱

1. 模拟驾驶舱概述

小鹰 500 飞行练习器的模拟驾驶舱有完整的仪表、开关、按钮、指示灯、显示器、配电系统，通信导航设备等。模拟驾驶舱、仪表面板、操纵台等采用外形真实的机载设备，经改装后用于模拟器，由主控计算机仿真它们的功能和外特性。视景、音响和操纵系统由计算机控制，响应飞机各种飞行状态，给飞行员提供视觉、听觉、力负荷等人体感觉，实现逼真的模拟。

小鹰 500 飞行训练器的模拟驾驶舱以飞机零部件和自主设计的非标准机械零件相结合的方式构成，模拟小鹰 500 型飞机驾驶舱外观、内饰、操纵方式。通过操纵机械部件运动，带动电子传感器，将机械信号转变为电子信号传递给计算机主机，实现飞行模拟。

2. 模拟驾驶舱舱体

小鹰 500 飞机在外观设计上参照法国 Socata TB20 飞机设计，外形与 TB20 基本一致。小鹰 500 飞行训练器研制时，采用退役的 TB20 飞机机身进行切割、改装，驾驶舱内部装饰件、舱门、操纵按钮和座椅等均采用飞机原件。底座设计为角钢交叉结构，保证其支撑强度，在底座前部设置一个开放空间，用于设置模拟机训练器的计算机主机、音响、气泵、程序线路板等设备。如图 10-2 所示为切割、改装后的舱体。

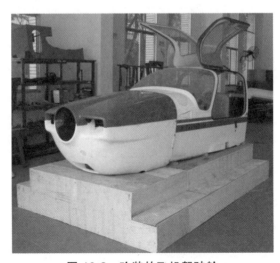

图 10-2　改装的飞机驾驶舱

3. 飞行操纵台

飞行操纵台有油门杆、汽化器加温杆和混合比操纵杆、配平等部件，通过设计合理的机械结构带动直线电位器、多圈电位器，实现信号的采集。通过设计可调节摩擦片，实现油门等机构推动助力的仿真。其中油门杆、汽化器加温杆和混合比操纵杆连接带鱼眼轴承的直线电位器；俯仰配平轮带动多圈电位器；燃油选择开关和方向舵配平，它们与电器电位器连接。如图 10-3 所示为飞行操纵台三维设计图。

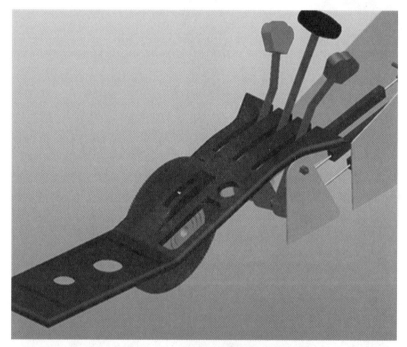

图 10-3　飞行操纵台三维设计

4. 航电仪表系统

小鹰500飞行训练器仪表系统为飞行员提供飞机各种状态信息，并对应飞行员操作。系统设计中采用 3 种方式对飞机仪表、控制面板进行仿真：图形仿真的半物理航空仪表；改装电子仿真通信导航面板和通过电磁信号驱动的机械仪表。如图 10-4 所示为小鹰 500 飞机驾驶舱构型。如图 10-5 所示为小鹰 500 飞行训练器驾驶舱照片，可见其驾驶舱布局具有较高的仿真度。

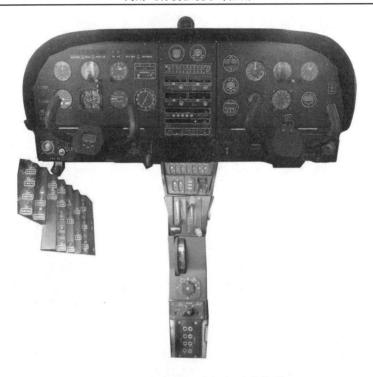

图 10-4　小鹰 500 飞机驾驶舱构型

图 10-5　小鹰 500 飞行训练器驾驶舱照片

1）图形仿真半物理航空仪表

小鹰 500 飞机采用传统机械式仪表，在飞行训练器设计中，常采用改装的航空仪表进行驱动，该方式与真实飞机最为接近，但仪表改装复杂，驱动电路设计困难，研制成本高，后期维修费高昂。

小鹰 500 飞行训练器仪表系统采用图形仿真半物理航空仪表设计，对仪表的外观、显示和飞行员的操作进行模拟。图形仿真仪表的表盘、指针、警告旗等采用实时图形绘制，图形刷新频率为 60 Hz。仿真表具有真实仪表的相似外观，旋钮、开关能实现真实仪表的功能。结构和后期维护简单。如图 10-6 所示为图形仿真方式半物理仪表面板设计图。通过小鹰 500 飞机驾驶舱仪表面板进行测量，选用合适的液晶显示面板，使用计算机辅助设计，对金属薄板线切割，仪表表圈采用多层镶嵌工艺，最后面板整体喷塑，安装有传感器、信号牌、线缆和液晶面板等。

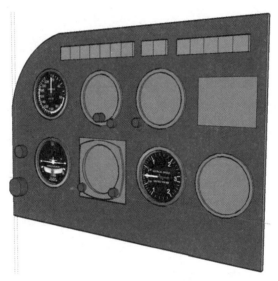

图 10-6　图形仿真方式半物理仪表面板示意图

2）通信导航面板仿真

小鹰 500 飞行训练器无线电系统按键多，结构复杂，市场上无合适大小液晶屏幕可选用，无法采用图形仿真半物理航空仪表设计，因此采用飞机件，拆除内部电路重新设计接口的方式进行仿真。小鹰 500 飞机通信导航面板包括音频控制面板 KMA24、通信/导航收发机 KX165、接收机 KR87、测距机 KN62A、应答机 KT76A。这些无线电设备的仿真，采用飞机用仪表设备外壳，保证了外形与实际仪表设备的一致，除应答机 KT76A 只做外观，不做功能仿真外，其他仪表设备均对其操作及显示功能进行了仿真。

（1）KMA24 音频控制面板。

音频控制面板的仿真采用小鹰 500 飞机 KMA24 原设备，确保了其操作功能与仿真功能的一致性。音频控制面板可与座舱内扬声器、耳机和教员控制台话筒相连接，同时又可与可编程音频控制器连接，用来仿真无线电台 Morse 码的声音。

音频控制面板 KMA24 是带有指点信标接收机的无线电音频控制设备，在 FTD 中其仿真功能具有面板的操作与指示功能：输入选择电门操作和指点信标台过台显示。由可编程音频控制器产生的指点信标台音频信号，经 NDB 台、VOR 台、DME 台的 Morse 码的音频放大输出。如图 10-7 所示为 KMA24 音频通信面板图。

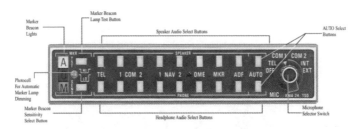

图 10-7　KMA24 音频通信面板[1]

（2）通信／导航收发机。

仿真 KX165 通信/导航收发机外壳采用购买原 KX165 通信/导航收发机外壳，外形尺寸及控制面板与实际 KX165 通信/导航收发机一致，显示器件采用 LED 数码管，接口采用 RS232C 串行通信接口与上位微机通信。通信接口：RS232C 异步串行通信口，通信波特率：9 600。如图 10-8 所示为 KX165 通信/导航收发机面板。

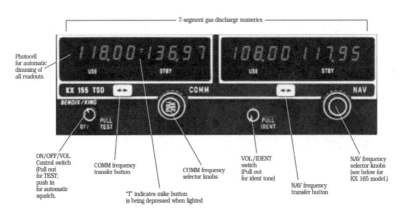

图 10-8　KX165 通信／导航收发机[2]

仿真 KX165 通信/导航收发机采用 RS232C 串行总线通信接口与上位微机通信。收发机从 RS232C 异步串行通信总线上接收发自上位微机的数据，用以控制其显示器件 LED 数码管状态字符的显示，并把面板上按键、频率调节旋钮的改变状态发往上位机。通信协议：

① 帧格式为 1 起始位+8 数据位+1 停止位。

② 收发机接收报文格式为 G+M+N0+N1+N2+N3+N4+N5+N6+N7+N8+N9+T。其中，G 为报文字头，1 字节，表示一帧数据的开始为 55 H；M 为命令字，1 字节，当显示通信收发机（COMM）频率时，M 为 C 的 ASCII 码（43 H），当显示导航接收机（NAV）频率时，M 为 N 的 ASCII 码（4EH）；N0～N9 为显示窗从左到右 10 个数码管的显示代码，各 1 字节，显示代码和显示内容关系为代码 0～9 显示"0"～"9"，代码 10～19 显示"0."～"9."，代码 20 不显示，代码 21 显示符号"—"；T 为发射状态指示，共 1 字节，当通信收发机处于发射状态时，T 为 T 的 ASCII 码（54 H），否则 T 为 OFFH。

③ 收发机向上位机发送报文格式为 M+S。其中，M 为命令字，1 字节，当操作通信收发机（COMM）时，M 为 C 的 ASCII 码，当操作导航接收机（NAV）时，M 为 N 的 ASCII 码。S 为通信开关，按键及频率调节旋钮旋转状态，1 字节，状态如表 10-1 所示。

表 10-1　通信位定义

bit7	bit6	bit5	bit4	bit3	bit2	bit1	bit0
OFF/ON	S	—	SS↑	SS↓	SS	SL↑	SL↓

注：a. "SL"为频率调节旋钮外层，"↓"为顺时针转动，"↑"，为逆时针转动；
　　b. "SS"为频率调节旋钮内层，"SS↑"表示频率调节旋钮内层拉出状态；
　　c. "S"表示 ON/OFF/VOL 或 VOL/IDENT 旋钮拉出状态；
　　d. 状态 1 表示旋钮转动或拉出，按键按下，反之为 0；
　　e. ON/OFF/VOL 的开关状态由 bit7 表示，ON 为 1。

（3）接收机 KR87。

仿真 KR87 接收机外壳采用原 KR87 接收机外壳，外形尺寸及控制面板与实际一致，显示器件采用 LED 数码管，接口采用 RS232C 串行接口与上位机通信。如图 10-9 所示为 KR87 ADF 接收机面板。

仿真 KR87 接收机采用 RS232C 串行总线接口与上位机通信，收发机从 RS232C 异步串行通信总线上接收发自上位机的数据，用以控制其显示器件 LED 数码管、状态功能字符的显示，并把面板上按键、频率时间调节旋钮的改变状态发往上位机。通信协议：

图 10-9　　KR87 ADF 接收机

① 帧格式为 1 起始位+8 数据位+1 停止位。

② 收机接收报文格式为 G+N0+N1+N2+N3+N4+N5+N6+N7+D。其中，G 为报文字头，1 字节，表示一帧数据的开始为 55 H；N0～N7 为显示窗从左到右 8 个数码管的显示代码，各 1 字节，显示代码和显示内容关系为代码 0～9 显示 "0"～"9"，代码 20 不显示；D 为状态功能字符指示，1 字节，每位对应状态字符指示如表 10-2 所示。

表 10-2　通信位的定义

bit7	bit6	bit5	bit4	bit3	bit2	bit1	bit0
:	空	ET	FLT	FRQ	BFO	ADF	ANT

注：状态 1 表示亮，0 表示不亮。

③ 接收机向上位机发送报文格式为 M+S。M 为命令字，1 字节，当对按键操作时，M 为 K 的 ASCII 码（4BH）；当对调节旋钮操作时，M 为 S 的 ASCII 码（53 H）。S 为按键及时间频率调节旋钮状态，1 字节，按键状态如表 10-2 所示，调节旋钮状态如表 10-3 所示。如表 10-4 所示为设备双层旋转编码增量定义，用于设备数值的增减。

表 10-3　通信位的定义

bit7	bit6	bit5	bit4	bit3	bit2	bit1	bit0
OFF/ON	空	SET/RST	SET/RST	FLT/ET	FRQ	BFO	ADF

注：a. SET/RST 表示该键连续按下 2 s；
　　b. 状态 1 表示按键按下，0 表示按键为自由态；
　　c. 对于复用按键，只发一种键码，如 SET/RST、FLT/ET、FRQ 键，对于自锁键，两种不同的状态分别发两种键码，如 ADF、BFO 键；
　　d. bit7 表示 OFF/ON 开关状态，ON 为 1。

表 10-4　通信位的定义

bit7	bit6	bit5	bit4	bit3	bit2	bit1	bit0
空	空	空	SS↑	SS↓	SS	SL↑	SL↓

注：a. "SL" 为调节旋钮外层，"↓" 为顺时针转动，"↑" 为逆时针转动；
　　b. "SS" 为调节旋钮内层，"SS↑" 表示调节旋钮内层拉出状态；
　　c. 状态 1 表示旋钮转动或拉出，反之为 0。

（4）测距机 KN62A。

仿真 KN62A 测距机外壳采用原 KN62A 测距机外壳, 外形尺寸及控制面板与实际一致, 显示器件采用 LED 数码管, 接口采用 RS232C 串行接口与上位机通信。如图 10-10 所示为 KN62 测距机面板图。

图 10-10　KN62A 测距机

仿真 KN62A 测距机采用 RS232C 串行总线接口与上位机通信。测距机从 RS232C 异步串行通信总线上接收发自上位机的数据, 用以控制其显示器件 LED 数码管、单位及功能字符的显示, 并把面板上开关及频率调节旋钮的改变状态发往上位机。通信协议:

① 帧格式为 1 起始位+8 数据位+1 停止位。

② 收报文格式为 G+N0+N1+N2+N3+N4+N5+N6+N7+D。其中, G 为报文字头, 1 字节, 表示一帧数据开始, 约定值为 55 H; N0 ~ N7 为显示从左到右 8 个数码管的代码, 各 1 字节, 显示代码和显示内容关系为代码 0 ~ 9 显示"0" ~ "9", 代码 10 ~ 19 显示 "0." ~ "9.", 代码 20 不显示, 代码 21 显示符号 "—"; D 为单位及功能字符指示, 共 1 字节, 每位对应单位及功能字符指示如表 10-5 所示通信位的定义。

表 10-5　通信位的定义

bit7	bit6	bit5	bit4	bit3	bit2	bit1	bit0
空	空	空	MIN	MHz	KT	RMT	NM

注: 状态 1 表示亮, 0 表示不亮。

③ 仿真测距机向上位微机发送报文格式 S。其中, S 为表示功能开关及频率调节旋钮状态, 1 字节, 状态如表 10-6 所示。

表 10-6　通信位的定义

bit7	bit6	bit5	bit4	bit3	bit2	bit1	bit0
SS↑	SS↓	SS	SL↑	SL↓	GS/T	FREQ	OFF/ON

注:　a. "SL" 为调节旋钮外层, "↓" 为顺时针转动, "↑" 为逆时针转动;
　　　b. "SS" 为调节旋钮内层, "SS↑" 表示调节旋钮内层拉出状态;
　　　c. 状态 1 表示旋钮转动或拉出和位置开关对应指示状态, 反之为 0;
　　　d. bit0 表示开关 OFF / ON 状态, ON 为 1。

3）机械式备用磁罗盘仿真

机械式备用磁罗盘为改装仪表，将原有罗盘磁铁拆除，更换三路线圈同步电机，仿真磁罗盘采用电磁式电流比值驱动方式，三路同步模拟量信号电压范围：－10～+10 V DC。接口输出三路同步模出信号，经隔离放大后加载至比值表中的三组线圈上生成合成磁场，从而控制球面刻度盘转到指示位置。环形球面刻度盘为 0°～360° 转动，最小刻度为 5°；刻度盘指示容差：±3.6°；电源：+24 V DC（具体参数见表 10-7）。如图 10-11 所示为机械式备用磁罗盘外观，如图 10-12 所示为驱动电路。

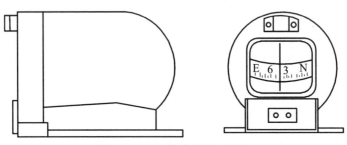

图 10-11　机械式备用磁罗盘

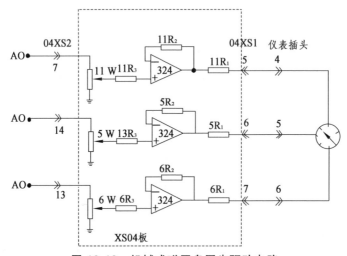

图 10-12　机械式磁罗盘同步驱动电路

表 10-7 驱动电压与球幕刻度盘指示关系

指示刻度	指示角度	模出信号 1 （VDC）	模出信号 2 （VDC）	模出信号 3 （VDC）	容差
N	0°	10.00	− 3.33	− 3.33	± 3.6°
3	30°	6.66	0	− 6.66	± 3.6°
6	60°	3.33	3.33	− 10.00	± 3.6°
E	90°	0	6.66	− 6.66	± 3.6°
12	120°	− 3.33	10.00	− 3.33	± 3.6°
15	150°	− 6.66	6.66	0	± 3.6°
S	180°	− 10.00	3.33	3.33	± 3.6°
21	210°	− 6.66	0	6.66	± 3.6°
24	240°	− 3.33	− 3.33	10.00	± 3.6°
W	270°	0	− 6.66	6.66	± 3.6°
30	300°	3.33	− 10.00	3.33	± 3.6°
33	330°	6.66	− 6.66	0	± 3.6°

4）电子仿真发动机转数表

小鹰 500 飞行训练器的转速表采用电子仿真开发，由仿真计算机根据飞机时刻变化的飞行参数，如大气条件等，计算出飞机此刻的转速，再通过传输线将算得的转速发送到仪表显示系统，即飞行训练器的转速表[3]。

（1）显示及警示。

显示模块由 4 位 7 段数码管（包括小数点位一共 8 位）组成。警示灯由 16 个绿色发光二极管和 1 个红色发光二极管组成。

（2）显示模块。

小鹰 500 飞行训练器的显示模块中采用 4 位 7 段数码管来显示转速，这四位数码管均为共阳。其中，COM1 和 COM2 为共阳端，可以通过控制共阳端的电位来控制数码管的工作状态，当 COM 端为高电平时，该数码管处于工作状态；当 COM 端为低电平时，该数码管处于不工作状态。PIN2 ~ PIN5 以及 PIN6 ~ PIN8 为信号各段的控制信号输入端，在共阳数码管中，如果共阳端为高电平，则只需将段置为低电平，相应段就会点亮，通过对不同段的控制，可以显示相应的数码，从而达到显示转速的目的。

小鹰 500 飞行训练器的转速表除了四位显示数码管以外还有 17 个警示灯，

警示灯分为两种，绿色和红色，当转速变换时，相应的警示灯也会亮起，当转速超过 1 200 r/min 时警示灯为绿色，当转速大于 2 800 r/min 时警示灯为红色。

（3）电路设计。

PIC16F877A 型单片机有 8 个模拟信号输入端，使用 RA0（AN0）作为模拟信号的输入端，不设置参考电压（VREF），系统默认参考电压为 0～5 V，即模拟信号端输入为 0 时，对应 A/D 转换数字量的最低位；模拟信号端输入为 5 V 时，对应 A/D 转换数字量的最高位。PIC16F877A 型单片机共有 33 个 I/O 口，这里我们选用 RB 的 8 个口作为数码管段电位的控制端，控制数码管的输入量，显示相应的数字。选用 RD 的 8 个端口作为数码管公共端的控制，即选通信号。如图 10-13 所示为数码管驱动电路，如图 10-14 所示为 LED 电路。

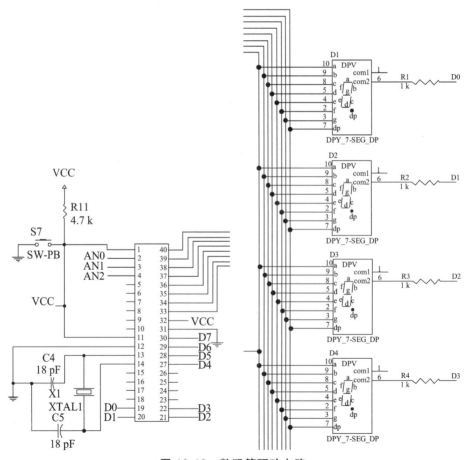

图 10-13　数码管驱动电路

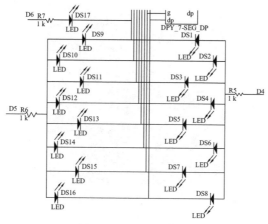

图 10-14   LED 电路

（4）程序流程。

PIC16F877 内置固件，首先完成初始化，再进行 A/D 转化，计算显示数值和点亮的 LED，再通过分时复用方式驱动数码管和 LED。如图 10-15 所示为程序工作流程，如图 10-16 所示为仿真 RPM 表实物。

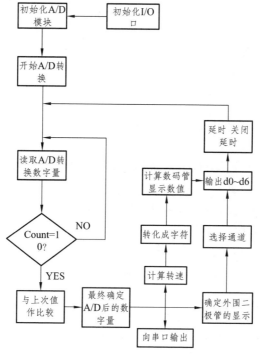

图 10-15   仿真 RPM 表程序流程

图 10-16　仿真 RPM 表实验测试照片

10.4　接口系统

1. 概　述

接口系统是连接计算机主机与飞行驾驶舱的唯一通路，飞机驾驶舱中的所有仪表和信号牌、指示灯都由它按计算机指令驱动，飞行驾驶舱中的开关（离散数据）与位置传感器（模拟数据）信号都由它接收并发送给计算机主机。因此接口系统在飞行仿真中有举足轻重的地位，是模拟机座舱和计算机主机之间的桥梁，是实现人在回路中的闭环仿真人机接口的关键要素。接口系统的作用如下：

① 模拟量输入接口负责完成驾驶员操纵油门杆、方向舵配平等模拟量信号的采集，并转换为计算机可以处理的数字量。

② 模拟量输出接口负责将计算机产生的数字量转换为模拟量执行驱动部件需要的模拟量，如驱动仿真飞行仪表。

③ 开关量输入接口负责将各种座舱开关和教员台硬件开关等的离散开关量信号采集传送给计算机。

④ 开关量输出接口负责将计算机产生的开关量信号锁存后，经电平电压转换放大驱动座舱的各种信号指示灯、数码显示器件等。

2. 基于 USB 总线的飞行训练器接口概述

通过对模拟机接口系统研究，对接口系统总体规划，确定采用基于 USB 通用串行总线、母板驱动子板的工作方式。实际设计中大量采用计算机辅助设计技术，电路原理图和印刷电路板设计采用 Protel DXP 2004 辅助设计软件，电路原理仿真测试采用 Proteus 6 Professional 软件，在未实际制造电路板的情况下，通过计算机虚拟完成了电路的原理验证试验，有效地减少实际硬件设计错误，提高系统稳定性。USB 接口母板核心采用了 Microchip 公司的最新 18F4550 单片机，该单片机集成了全速（FULL SPEED）USB 2.0 接口引擎，可提供最大 12 Mb/s 的传输速率。采用交互实时性较好、数据传输率适中的人机接口设备 HID（Human Interface Device）作为接口协议。

目前训练器接口系统包括两套 USB-IO 套板，具备 28 路开关量输入、31 路开关量输出、10 路 10 位 AD 输入，模拟驾驶舱内的开关、信号指示灯和油门杆、变距杆等由它连接驱动；一套 USB-EC 套板，可解读 14 路 A/B 增量编码器，编码高度表气压选择、水平状态指示仪旋钮等由它解码并送计算机；一套 USB-DA16 套板，具备 16 路、12 位 DA 输出板，备用磁罗盘、发动机 RPM 表、MF 表都由它驱动。

3. 技术方案

基于 USB 总线的飞行训练器接口系统利用计算机的 USB 总线作为计算机与接口系统的通信媒介。接口系统硬件上由接口母板和各类接口子板构成（系统框图见图 10-17）。每块接口母板最多可以驱动 8 块接口子板（如图 10-18 所示为一块接口母板驱动 4 块接口子板）实现对端口数量的扩展。而计算机可以同时带动多块接口母板，理论上可以高达 127 块，且支持 PnP 技术。工作原理：接口母板负责与计算机通信，接受计算机发送来的数据，并按数据类型发送给相应类型的输出接口子板。同时接口母板接受接口子板的输入数据，并编码后通过 USB 总线发送给计算机。接口母板与接口子板之间通过时钟频率高达 10 MHz 的 SPI 同步串行总线连接。接口母板与接口子板的配合工作完成计算机与飞行模拟座舱设备的数据交换。接口子板的种类包括开关量输入子板、开关量输出子板、模拟量输出子板。模拟量的输入工作由接口母板完成。

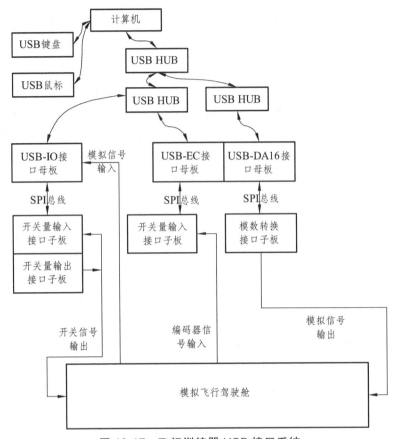

图 10-17　飞行训练器 USB 接口系统

图 10-18　接口母板配置 4 块开关量输出子板

软件系统包括在飞行仿真计算机上运行的接口通信程序和在接口母板中运行的代码（固件）。在计算机上运行的接口程序采用 Microsoft 公司的 Visual Studio C++开发，接口母板固件采用 Microchip 公司的 C18 开发。接口母板的固件将接口系统模拟成计算机的人机接口设备（HID），在 Windows XP 操作系统中已经内置了该类 HID 设备驱动程序，从而避免了开发 USB 设备驱动，而该类驱动程序的开发工作往往极其复杂、烦琐。

4. 接口电路设计

小鹰 500 飞行训练器接口系统的硬件包括接口母板、开关量输出子板、开关量输入子板和模拟量输出子板。

1）接口母板电路设计

USB 接口母板的功能：USB 接口系统的母板使用 USB 接口的单片机为核心部件，实现计算机与其 USB 总线通信，并控制接口子板进行应有操作。如图 10-19 所示为母板电路图，如图 10-20 所示为母板实物。

技术特点：

① 采用 12 MISP 的 RISC 的单片机；

② 支持最高 10 MHz 的母版与子板的 SPI 通信；

③ 12 个通道 10 位精度的模拟量信号采集；

④ 提供运行状态指示；

⑤ 能通过 PC 动态配置；

⑥ 能在线升级单片机的固件；

⑦ 母板固件内置序列号，供检测识别，用于多块母板同时运行；

⑧ 配置探头后能检测系统温度，电压等参数；

⑨ 单块母板带 8 块开关量输出板驱动 256 路信号，用于指示灯、继电器、仪表故障旗，继电器；

⑩ 单块母板带 8 块开关量输入板，接收 256 路开关、跳开关状态信号；

⑪ 单块母板带 4 块模拟量输出板，提供 48 路模拟量信号输出。

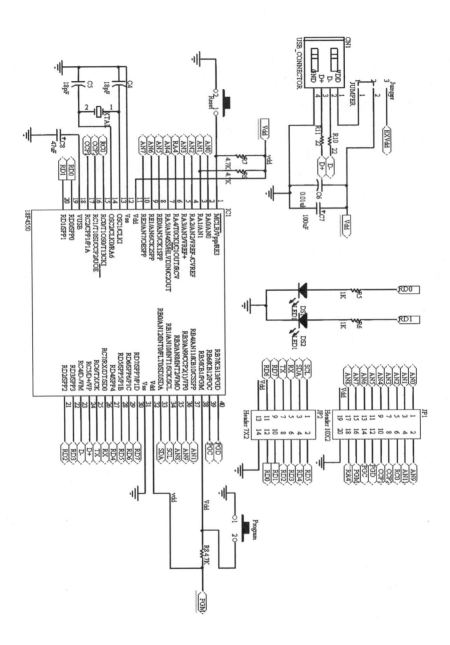

图 10-19　基于 USB 总线的接口母板电路

图 10-20 基于 USB 总线的接口母板实物

2）开关量输出子板电路设计

USB 接口开关量输出子板的功能：开关量输出子板当计算机给出该控制位为 1 时，驱动的达林顿管接通，集电极为低电位，对应于信号灯点亮，继电器接通或仪表警告旗工作。一般应通过 JP3 外接 5 V 电源供电，在母板带动子板较少时也可通过跳线改为 USB 供电；具有短路自恢复功能和防浪涌信号冲击能力；JP1 为板地址设置跳线；JP2 为连接母板底接口，J1 为 DB37 型插座，提供 32 路输出控制，驱动信号指示灯等设备的电源由外部提供。电路采用 74 HC595 串并转换锁存芯片为 SPI 数据接收核心。U1~U4 共 4 片该芯片串联，可接收母板发来的 4 字节数据，提供 32 路输出通道。U9~U12 共 4 片 ULN2803A 芯片用于放大 74 HC495 的信号，与输出插座 J1 间串联 500 mA 自恢复器件，用于过流保护，避免因为负载短路或电流过大烧毁 UNL2803A 芯片或前级芯片。JP1 跳线插头可用跳线设置子板工作地址，地址 1~8，即最多 8 块子板同时工作。JP2 连接母板用于 SPI 信号和子板选择信号的交换。如图 10-21 所示为开关量输出子板电路图，如图 10-22 所示为开关量输出子板实物。

技术特点：

① 具有 32 个通道；

② 单通道最大可驱动 500 mA/48 V 负载；

③ 具有设备过流、短路自动保护和恢复功能；

④ 能驱动信号灯、指示牌、数码管、仪表故障旗、继电器等。

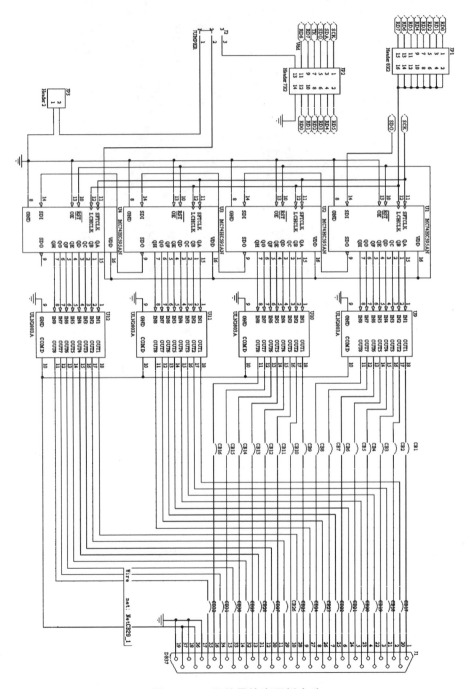

图 10-21 开关量输出子板电路

图 10-22　开关量输出子板实物

3）开关量输入子板电路设计

USB 接口开关量输入子板的功能：开关量输入子板采用开入高，正逻辑检测。一般应通过 JP3 外接 5 V 电源供电，在母板带动子板较少时也可通过跳线改为 USB 供电；在外接的开关信号电源可通过开关量输入子板提供；开关量输入子板通过 JP2 与母板相连；JP1 可设置子板地址。开关量输入子板 S 采用 74 HC165 并串转换芯片，该板共有 U1~U4 四块芯片串联工作，提供 32 路开关量信号输入。芯片的并行输入引脚通过 4.7 kΩ的电阻排上拉至电源，连接开关、编码器时无须提供信号电压。JP1 跳线插头可用跳线设置子板工作地址，地址 1 ~ 8，即最多 8 块子板同时工作。JP2 用于连接母板用于 SPI 信号和子板选择信号的交换。如图 10-23 所示为开关量输入子板电路，如图 10-24 所示为开关量输入子板实物。

技术特点：

① 具有 32 个通路，可完成 32 个开关信号的采集；

② 16 个编码器信号的输入（如航向选择）；

③ 提供开关信号上拉弱电平，便于开关检测。

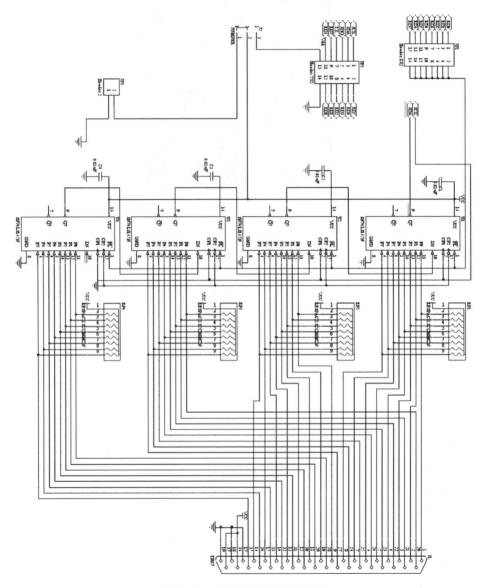

图 10-23　开关量输入子板电路

4）模拟量输出子板电路设计

模拟量输出子板的功能：模拟量输出子板通过 JP2 接收母板 SPI 总线发来的控制、数据信号。需外接 ±15 V 和 +5 V 电源才能工作。R102 和 R112 高精度可调电阻分别负责调节零点电压和最高电压。它能驱动单指针仪表和电动地平仪、HSI 等复杂模拟机用航空仪表。

接口模数转换子板核心芯片是 TI 公司生产的 SPI 串行同步总线驱动的 TLV5610IDW 模数转换芯片，提供 8 路 12 位（4 096 个像素分辨率）精度的数模转换通道，转换时间小于 10 μs，该板共采用了 2 片 TLV5610IDW，能提供 16 路模拟量输出。因 TLV5610IDW 输出的模拟信号

图 10-24　开关量输入子板实物

是正电压，不能提供负电压。而模拟机使用航空仪表输入信号电压多为 ±10 V 电压，需要设置虚拟零点电压和负参考电压供后级运放使用。所以采用基准电源与运放合成参考零点电压和负电压。子板中采用 MAXIM 公司生产的 MCP1541 芯片提供 2.048 V 的基准电源，该芯片能满足 12 位数模转换芯片的参考电压精度要求。该输出电压经过 U2A、U2D 运放电路变换为 4.096 V 基准电源，经过 U2B、U2C 运放电路变换为 4.096 V 基准电源变换为 – 2.048 V 基准电压。U1、U3、U4、U5 用于放大 TLV5610IDW 的输出模拟量信号，运放的反相输入端连接 – 2.048 V 基准信号，完成虚拟信号的合成。从电路图中可以发现输出级运放 U1、U3、U4、U5 没有调节增益的精密微调电阻，虽然采用了 1‰精度的精密电阻仍然无法保证最多输出精确到 ±10 V 电压，该校准工作将交由软件完成，可内置在母板固件中或直接在 PC 机中完成校准转换。该模数转换子板需要外接 ±10 V 和 +5 V 电源。如图 10-25 所示为模拟量输出子板电路，如图 10-26 所示为模拟量输出子板实物。

技术特点：

① 具有 16 个 12 位模数转换通道；

② 配置 2.048 V 高精度基准电压；

③ 输出电压 ±10 V；

④ 单通道转换时间<10 μs；

⑤ 能驱动 8 ~ 16 块单指针仪表；

⑥ 能驱动电动地平仪、HSI 等仿真电动航空仪表。

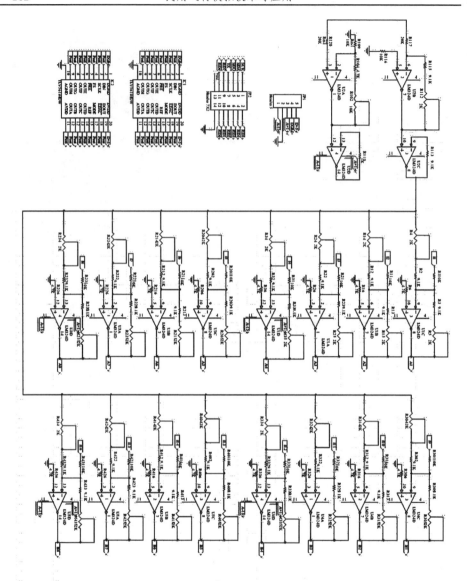

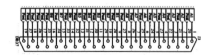

图 10-25　接口模数转换子板电路

图 10-26 接口模数转换子板实物

5）USB 接口母板的 Fireware 设计

USB 接口母板使用的 18F4550 单片机需内置固件（软件）才用正常工作。在接口母板的设计中采用了人机接口设备（Human Interface Device，HID）。当一个 USB 设备连接到 PC 机的 USB 端口后，PC 机需要寻找合适的驱动赋给该设备，并为其分配相应的地址，初始化硬件。该过程分为四个步骤：上电状态、缺省状态、地址分配状态和配置状态。该过程是 PC 机经过一定步骤发现有新的 USB 外设连接，PC 机按顺序获取产品生产厂家、产品信息、配置信息、生产商 ID 信息等，进行相应操作，完成初始化硬件工作。

固件代码采用 MPLAP IDE V7.52 集成环境开发，采用 C 语言开发，使用 C18 编译器编译。开发时，C 语音的代码通过 MPLAP 调用 C18 编译器，编译生成.HEX 后缀名的 18F4550 机器码文件。运行 PDFSUSB.EXE 文件将工作于等待更新状态下的电路板固件进行在线更新，就可重新复位电路板，运行固件进行测试了。本固件代码集成在 MCHPUSB.MCP 工程中。

```
void ReportLoopback(void)
{
    byte count;
    //找出是否接收到 PC 机数据
    number_of_bytes_read = HIDRxReport(receive_buffer,
HID_OUTPUT_REPORT_BYTES);
    if (number_of_bytes_read > 0)
```

```
    {
        //将接收到数据的数据复制到缓冲区
        for (count = 1; count <= HID_OUTPUT_REPORT_BYTES; count =
count + 1)
        {
            transmit_buffer[count-1] = receive_buffer[count-1];
        }
        mD7 = 1; //开启 SPI 通讯使能功能
        OpenSPI(SPI_FOSC_4, MODE_10, SMPEND);定义 SPI 通信协议
        putcSPI(receive_buffer[1]); //发送接收字节 1 到开出子板
        putcSPI(receive_buffer[2]); //发送接收字节 2 到开出子板
        putcSPI(receive_buffer[3]); //发送接收字节 3 到开出子板
        putcSPI(receive_buffer[4]); //发送接收字节 4 到开出子板
        CloseSPI();
        mD7 = 0;//关闭 SPI 通信使能功能
        //等待知道 IN 端点不忙
        while(mHIDTxIsBusy())
        {
        //执行 USB 中断服务程序
            USBDriverService();
        }
        //在下次中断响应时，发送 HID 数据
        HIDTxReport(transmit_buffer, HID_INPUT_REPORT_BYTES);
    }
… …
}//end ReportLoopback
```

6）PC 机端接口驱动软件设计

PC 机端程序采用 VC 开发，需要在接口程序中调用 HID 设备开发 SDK，嵌入 HID 接口头文件和链接库文件。如图 10-27 所示为仪表测试软件界面。

```
#include <setupapi.h>
extern "C" {
#include "hidsdi.h"
}
```

```
#pragma comment(lib, "setupapi.lib")
#pragma comment(lib, "hid.lib")
```

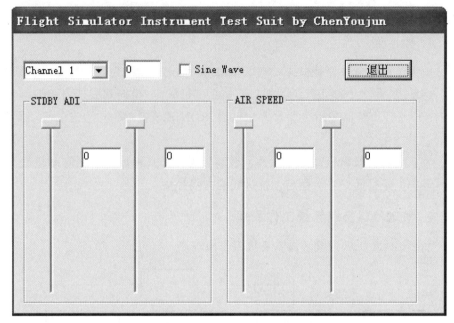

图 10-27 基于 USB 总线接口系统航空仪表驱动测试

7）USB 接口母板通信速率测试

目的是测试 USB 接口母板与 PC 机之间的数据交换最大速度，测试代码如下：

```
float ts,te;
ts = GetCurrentTime();
for ( int i = 0; i<1000; i++)
{
    Write(data, 32);
}
te = GetCurrentTime();
printf("Time = %f\t FPS = %f\n", te – ts, 1000/(te-ts));
```

测试结果：运行时间为 7.87 s，每秒可写入次数为 127 次。在使用 3 块 USB 母板与 PC 联机进行上述测试时，每块电路板还能保持可持续超过 100 次的写入速度。

10.5 操纵负荷系统设计

1. 概　述

操纵负荷杆力系统是根据对操纵面偏角的实时计算，为飞行员提供操纵力的人感系统。小鹰 500 飞行练习器需要仿真飞机纵向、横向驾驶杆力和脚蹬力。小鹰 500 飞行训练器采用由加拿大 MECHTRONIX 模拟器公司引进的气动操纵系统。

该系统具有操纵较高的平顺性，较高的模拟仿真精度，使用寿命超过 15 年，维护工作量低，工作稳定，抗过载能力强等优点。

2. 气动操纵负荷系统工作原理

如图 10-28 所示为气动操纵系统工作原理。

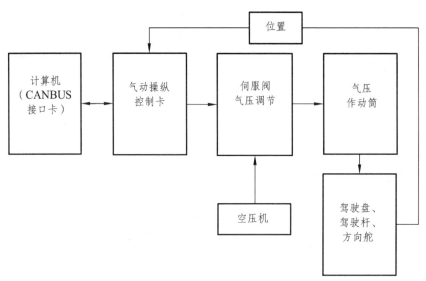

图 10-28　气压伺服操纵系统工作原理

计算机中气动操纵仿真驱动模块获取飞行仿真模块提供的飞机飞行状态信息和驾驶舱配平信息，计算出驾驶盘、驾驶杆、方向舵上的力和参考位置，通过 CANBUS 总线发送给气动操纵控制卡，该卡根据数据要求对伺服阀进行压力调节，驱动气压作动筒带动驾驶盘、驾驶杆、方向舵动作，气压作动筒上的位移传感器将位置信息反馈回气压操纵控制卡供内部 PID 调节电路运算,同时通过 CANBUS 总线将位置信息传递回计算机。

3. 系统机械安装

小鹰 500 飞行训练器的驾驶杆、方向盘、方向舵及其连接装置均采用飞机件。如图 10-29 所示,作动筒直接与飞机连接机构相连,其中驾驶杆、方向舵驱动采用双口直线作动筒,驾驶盘驱动采用链条带动的旋转作动筒。

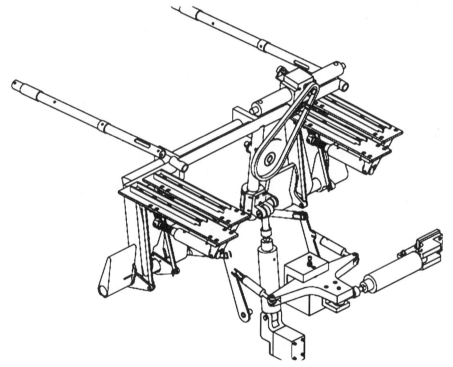

图 10-29　作动筒安装示意

4. 飞行操纵杆力仿真计算

计算公式为

$$P_Z = -K_Z \cdot K_q \cdot S_z \cdot B_z M_{\theta z}^{\partial z} \cdot \Delta \partial Z \cdot Q$$

其中,配平轮决定 ∂Z 的大小,$M_{\theta z}^{\partial z}$ 由飞机机型确定,杆力描述表现为随速度平方变化的弹簧力。如图 10-30 所示为操纵力与飞行速度和飞机固有特性关系,图中横坐标是速度,纵坐标是力。

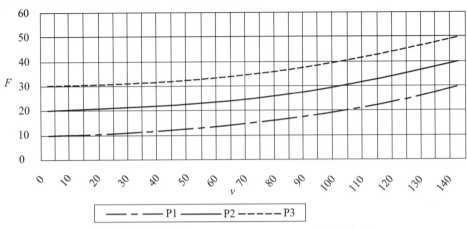

图 10-30　操纵力与飞行速度和飞机固有特性关系

5. 气动操纵负荷系统校准

（1）关闭 LE500 飞行仿真程序。

（2）运行 LE_FCS_TEST.EXE 文件，启动气动操纵负荷系统调试程序。运行界面如图 10-31 所示。

（3）点击"Enable Flight Control System"启动气动操纵负荷系统。

（4）打开 pfcs.ini 文件，内容如下：

```
[FLIGHT_CONTROL_SYSTEM]
Cylinder1_Force_Offset=    2048
Cylinder1_Stiffness_Cmd   =    4095
Cylinder1_Trim_Cmd   =    1511
Cylinder2_Stiffness_Cmd   =    2048
Cylinder2_Trim_Cmd   =    2048
Cylinder3_Force_Offset=    2163
Cylinder3_Stiffness_Cmd   =    1073
Cylinder3_Trim_Cmd   =    2261
KIAS_BASE        =    150.0
DEBUG            =    Y

[SPEED_0]
Cylinder2_Stiffness_Cmd   =    2048
Cylinder3_Force_Offset=    1999
```

Cylinder3_Stiffness_Cmd   =   878

[SPEED_80]
Cylinder2_Stiffness_Cmd   =   2400
Cylinder3_Stiffness_Cmd   =   1073
Cylinder3_Trim_Cmd   =   2261

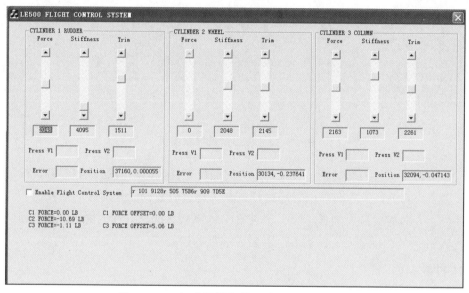

图 10-31 气动操纵负荷系统调试程序界面

说明：

① 参数 Cylinder（ ）_Force_Offset 用于设置通道力偏移量，抵抗重力或摩擦力；

② 参数 Cylinder（ ）_Stiffness_Cmd 用于设置通道弹性系数；

③ 参数 Cylinder（ ）_Trim_Cmd 用于设置中点；

④ 参数 KIAS_BASE 用于设置系统平衡时的最大速度；

⑤ [SPEED_0]字段是飞机处于静止条件下驾驶盘、驾驶杆、方向舵力的参数配置；

⑥ [SPEED_80]字段是飞机处于 KIAS_BASE 条件下驾驶盘、驾驶杆、方向舵力的参数配置；

⑦ DEBUG 参数用于确定是否记录计算机与操作系统的 CANBUS 通信数据，该数据可用于追踪系统疑难故障。

分别调试飞机在不同条件下参数，用力测试组件与飞机测试数据进行对比或使飞行员感觉力大小合适。

（5）驾驶盘、驾驶杆、方向舵力的归一化校正：使用记事本打开 config.ini 文件，更改 DEBUG＝N 为 Y，重新启动 LE500 飞行仿真程序，屏幕显示如图 10-32 所示。

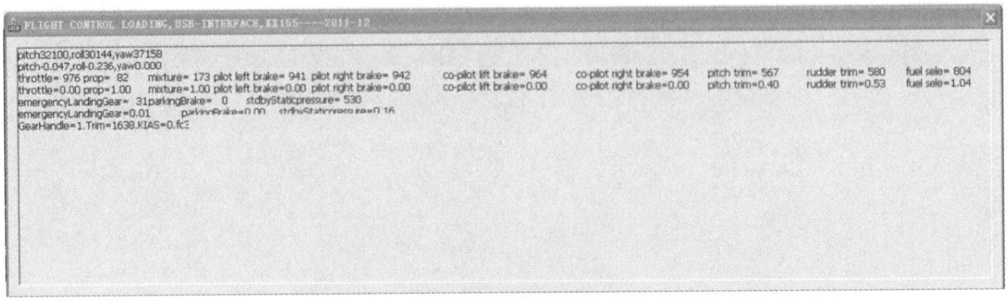

图 10-32　接口调试控制面板

屏幕第 1 行为驾驶盘、驾驶杆、方向舵位置读数原始数据，屏幕第 2 行是驾驶盘、驾驶杆、方向舵位置经过校正归一化后的数据。分别移动驾驶盘、驾驶杆、方向舵在最大和最小时，记录第 1 行原始数据。打开 le500control.ini。找到相应字段并将记录数字填写进去。字段类似：

[rudderPos]

1.0　　＝　　47230.0

0.0001　　＝　　37500.0

-0.0001　　＝　　36000.0

-1.0　＝　26850.0

[elevatorPos]

-1　＝　18370.0

1　＝　47176.0

[aileronPos]

-1.0　＝　26610.0

-0.0001　＝　33500.0

0.0001　＝　34500.0

1.0　＝　40420.0

由上面数据可见为提高系统稳定性，其中的驾驶盘、方向舵添加了虚位设置。

10.6 飞行动力学仿真

飞行动力学仿真是对飞机的性能和操纵品质的动态实时仿真过程，模拟飞机在地面和空中的正常与非正常飞行，向飞行训练器其他分系统如仪表系统、视景系统等提供实时仿真数据[4]。

飞行动力学仿真系统是组成飞行模拟器的一个主要软件系统，它的计算任务繁重，与其他分系统的关系密切，输入、输出参数量大。飞行模拟器许多分系统的驱动信号都需要飞行动力学仿真系统提供，所以该系统的建模、编程、数据的选取及预处理都直接影响着飞行模拟器的逼真度。

飞行动力学仿真系统需要对飞机空气动力特性、地面上运动时起落架的力和力矩、发动机拉力和耗油率等参数以及大气环境对飞行影响进行仿真，解算飞机的六自由度非线性全量运动方程。在该仿真平台上，输入反映飞机的飞行特征参数，能输出基本符合该机性能指标和操控指标要求的飞行动力学仿真参数。

10.7 视景系统设计

1. 概　述

视景系统为飞行员提供虚拟的外部世界，它是模拟飞行仿真的关键技术之一。在早期的飞行模拟器时代，实时图形生成都需借助于复杂、昂贵的图形工作站来实现。随着 PC 硬件能力的飞跃提升，Directx 3D 和 OpenGL 的技术进步和推广使用，高端 PC 机已具有生成复杂实时三维场景的能力。现今流行的高端实时三维游戏在图形的精美程度和使用技术上已经超越任何飞行模拟中心能见到的模拟机视景图像。但由于民航飞行模拟的专业性和应用局限性，拥有先进图形技术的公司并未加入模拟机视景的研发。现民航内采用较多的还是 CAE 公司 Tropos、E&S 公司的 simFUSION 等视景系统。而国内飞行模拟训练器和桌面练习器仍然采用 Vega、OpenGVS 等专业软件开发。视景建模普遍采用 Multigen Creator 等专业软件完成。

根据"基于虚拟技术的飞机安全警告系统"采用普通 PC 机、笔记本电脑的特点，整个系统除运行视景程序外还要运行飞行仿真模块、虚拟驾驶舱设备、教员控制台程序等模块。视景系统应占用尽量少的资源，又能达到系统的要求，因此需要平衡视景显示效果、帧速率和占用系统的资源。视景系统研制工作包括机场视景数据库的开发和实时三维视景程序开发两个部分。机场视景数据库开发是建立一个特定或通用的三维机场及机场周边场景。实时三维视景程序是基于 OpenGL 图形库开发，程序调用已经建立的三维机场视景数据库，并实时渲染，并设定不同能见度等气象条件。

2. 视景数据库建模原则和开发流程

视景数据库在开发实现的过程中遵循以下原则。

（1）高度真实的画面效果。

对机场内建筑物进行拍照建模，机场周围 40 km × 40 km 采用 1 : 50 000 的地形高程数据，可以逼真地表现飞机飞行时的显示效果和距离感，为飞行员的训练营造接近真实的飞行环境。

（2）提高实时渲染效率。

建模中包含高原的山区，因此为了真实再现该区域的地形特点就必须采用比平原机场更高精度的高程纹理数据进行渲染，这将大大增加视景渲染每帧所需调用的三角形和纹理数据量，会大幅度降低视景系统的渲染帧率。针对该问题，可以预先编译非规则多边形地形模型（Triangulated Irregular Network, TIN）技术来解决。TIN 技术可以根据地形自身的复杂程度在基本不影响显示效果的情况下对地形网格进行优化，大幅度减少所需渲染的三角形数量，从而保证视景系统的渲染帧率。

（3）定位准确。

机场数据库跑道定位与国内机场跑道位置和导航系统数据保持高度一致。

（4）视景系统能提供地面高度返回，用于无线电高度计算和撞山检测。

如图 10-33 所示为机场视景数据库建模开发流程。

开发过程中在完成步骤三后将进行试飞，主要考察导航台站能否正常引导飞机起降；坡度灯是否符合实际情况，并能正确引导飞机着陆；跑道灯是否真实且在不同能见度条件下能正常工作；附近山脉是否真实，并进行特殊科目训练测试，观察飞机经过区域是否符合实际。对试飞发现的问题返回步骤二进行修改。反复重复上述步骤直到达到飞行训练要求为止。

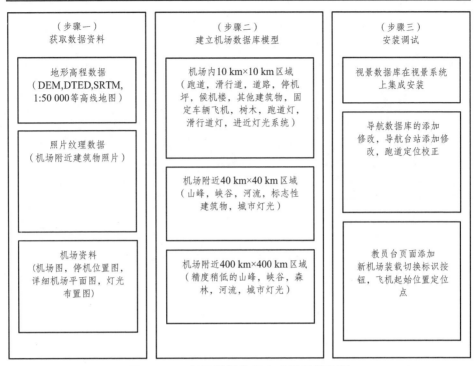

图 10-33 机场视景数据库建模开发流程

3. 机场数据库模型建模

机场视景数据库建模使用 Sketchup、3DS MAX、Photoshop 等软件开发。它是图形建模能力、美工技巧、计算机图形学基础、航空专业知识的综合运用。

如图 10-34 所示为一个机场数据库建模的全过程，构建机场视景数据库模型包含以下建模内容：

（1）地形（Terrain），它是整个数据库的基础。二维、三维模型和灯光都附着或生成在它上面。地形分为四个区：Fine，Region，Coarse，SuperCoarse。前面区域包含的多边形比后面的多，即 Fine 区包含有最多的多边形，而 SuperCoarse 包含的多边形最少。这样设计的目的是防止计算机过载。

（2）二维模型（2D Models），包括跑道，农田，道路，湖泊等。

（3）三维模型（3D Models），包括建筑物，障碍物，山峦，树木等。

（4）灯光（Lights）。

（5）纹理（Textures），用于在地形、2D 和 3D 模型上粘贴，在不增加多少计算量的情况下，提高视景图像的真实感。

（6）跑道、滑行道、停机坪、候机楼、导航台站的创建。

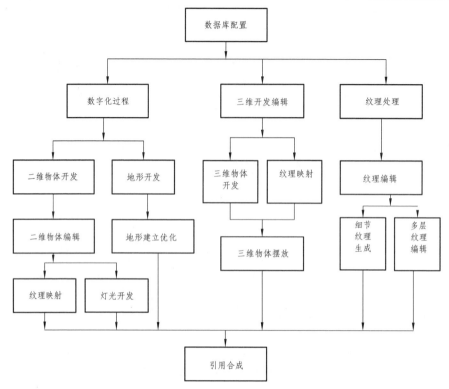

图 10-34　机场视景数据库建模过程

　　开发中对典型建筑物、飞机做多角度拍照，并用 Photoshop 编辑生成纹理文件。按 Jeppesen 航图标注尺寸，用 Sketchup 建立机场跑道、滑行道和停机坪等，并选用适当的跑道纹理进行贴图。编写 GenLights（跑道灯光生成程序）中的数据，生成跑道灯光配置文件。对机场地图进行扫描数字化转换，用 Photoshop 对扫描后的图形处理，建立多个图层。在复制图层上勾勒出河流、城市、道路和山脉等的轮廓线。再用 Sketchup 按实际比例对轮廓线多边形化，生成初步场景多边形模型，选用适当的纹理对场景多边形模型进行贴图，完成场景的建模。用 Sketchup 对典型建筑物和飞机模型进行建模，并作纹理贴图。使用 3DS MAX 将上述生成的模型输出为.ASE 文件。用自行开发的 ASE2 MOD 工具将 ASE 模型和其调用的纹理文件作压缩打包，生成便于图形程序调用的.mod 模型文件。用 SceneEdit 三维场景编辑器工具对建筑物、飞机等固定模型进行摆放生成 scene.ini 场景文件。配置 tree.ini 树木配置文件，生成机场周围的树木数据。用视景软件对生成的场景进行调用显示，进行场景漫游，对错误或不合适地方进行记录。对记录的错误地方进行修改，重复上述过程到满意为止。

IG 文件管理系统采用多级子目录结构便于数据分类存取和新机场的添加，如图 10-35 所示。

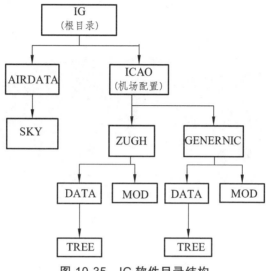

图 10-35   IG 软件目录结构

IG 为系统根目录，其下存放以 ICAO 代码命名的机场配置文件，以及系统的启动记录文件 Airlog.txt。其下的 AIRDATA 和 SKY 目录下存放 IG 系统通用数据。DATA 目录下存放机场周围树木的纹理（TREES.TEX）和树木排列位置的记录文件 TREES.ini。如图 10-36 和图 10-37 所示为完成的机场建模屏幕截图。

图 10-36   机场建模截图（一）

图 10-37　机场建模截图（二）

4. 视景实时三维渲染程序的开发

视景实时三维渲染程序实现将已经建模的机场视景数据库实时渲染出来，能根据飞行仿真模块提供的飞行员眼点坐标实时更新视景图形。可根据教员台设置其他飞机而渲染活动飞机目标。为后期方便自行开发了基于 OpenGL，面向对象的 C++三维图形开发库——Air3D。Air3D 图形开发库是一个实时三维图形开发仿真库，它同时集成了三维图形开发相关的数据计算函数、碰撞检测功能、点对点的网络功能。

Air3D 图形开发库针对 OpenGL 和 3D 图形加速卡的特点，采用了一系列的软件开发技巧来减少三维图形渲染时间。当前的优化手段主要包括视野外物体淘汰（View frustrum culling）、OCTREE、不同细节物体的切换（Level of Detail）、OpenGL 状态排序（OpenGL state sorting）以及使用显示列表（Use of OpenGL display lists）。同时编码时采用了 C++的优化技巧，提高了 CPU 的使用效率。由于以上因素，使 Air3D 达到了同类软件（例如，Vega）相近的帧数率。　面向对象的设计理念，使用 C++的相应特性，方便了用户编程。Air3D 支持的图形格式有 BMP、JPG、RAW、PNG、PCX、TGA、RGB、RGBA、GZB（Air3D 本身自带格式），支持的模型文件有 3DS、ASE、OBJ、MOD（Air3D 本身自带格式）、ASCII、MD3（Quake3 中的模型格式）、MDL（CS 游戏中的模型格式）、Milkshap3d 骨骼动画格式。

1）AIR3D 编程风格介绍

AIR3D 的设计目标就是简单、高效和实用。在编程风格上表现如下：

（1）简单——方便用户使用的类成员函数。使用同一个函数，可以调用不同类型的图形文件。更换纹理或模型文件类型不需对程序代码进行大幅改变，这对程序测试和机场视景数据库调试尤为重要。

① 下面是一段程序用来调用纹理。

```
AirTexture grass;    //生成一个名叫 grass 的纹理对象
AirTexture tree;     //生成一个名叫 tree 的纹理对象
……
grass.Load2DTexture("1.jpg");    //调入 1.jpg 图形文件作为纹理
tree.Load2DTextureA("1.bmp");    //调入 1.bmp 文件作为纹理含 Alpha 通道
```

② 下面是一段程序用来调用飞机坦克模型。

```
Air3ds plane;    //生成一个名叫 plane 的 3ds 模型对象
……
plane.Load3ds("plane.3ds");    //调入 plane.3ds 模型（如模型含有纹理，也
一同调入）
……
plane.SetPos(x, y, x);    //设置模型位置
plane.Render( );         //绘制模型
```

Air3D 中所有的模型，都可以得到尺寸和中心点。便于做视野外的淘汰和简单的碰撞检测。作为附加工具的场景编辑器，它可以按节点组织三维场景。

对于模型，Air3D 内有 MOD 模型类（自己定义）把纹理和顶点都放进去，且对数据做了压缩处理，既可以保护用户的成果，又加快了调用速度。

（2）高效——对于大的场景，Quadtree 具有其他方法难以比拟的绘制高效率。Air3D 内置了 Quadtree 模块，且能提供快速的碰撞检测功能，可用于飞行仿真中无线电高度快速计算和飞机撞山检测。

```
AirQuadtree quadtree;    //生成一个 Quadtree 对象
……
quadtree.Load("scene.3ds");    //调入 park.3ds 并制作成 Quadtree
……
```

quadtree.Render( ); //绘制场景

（3）其他特性。

支持多纹理，S3TC 纹理压缩和凹凸贴图；对图片可反转、变色、透明处理；实时阴影；可检测显卡支持的 OpenGL 扩展函数，并可直接调用，而不需要其他编码。

（4）面向对象编程——支持 C++的特性如函数重载、继承。

① 函数重载。

```
float d;
d=distance(x1, x2, y1, y2);
d=distance(x1, x2, y1, y2, z1, z2);
```

② 类的继承。

```
class mymod :public AirTexture, public Air3ds
{
private:
    float x, y, x;
...


}
```

2）三维实时视景程序开发

设计基于 Air3D 图形开发库的 cScene 类用于调用机场数据库、生成 TCAS 实时三维活动飞机目标和气象条件。

```
class VIS_API cScene //视景类
{
public:
    … …
    bool Init(); //初始化函数，系统初始化和调入缺省机场数据库文件
    Render(); //实时渲染视景场景
    void SetWindowSize( int width, int height ); //设置窗口大小
    void SetCamera( float x, float y, float z, float yaw, float pitch, float roll); //设
```
定相机位置参数有相机坐标、航向角、俯仰角、倾斜角
```
    void SetSceneLowYAndAngleScale(int y, float angle, float scale); //设置场景
```

下边界、视角和比例（因视景与交互式虚拟座舱公用屏幕而特定设立的）

　　void SetFogFlag(bool status); //雾启用开关设置

　　void SetFogDensity(float density); //雾浓度设置

　　void SetVisibility(float distance); //能见度设置

　　void SetFogColor(float r, float g, float b); //设置雾的颜色

　　float GetHeightAboveAirport(float x, float z); //获取设定点地形高度（用于飞机撞山检测和无线电高度计算）

　　bool m_bDrawCollisionMesh; //绘制碰撞检测用多边形网格，系统调试使用

　　std::vector<cPlaneDefine> PlaneQueue; //活动飞机目标队列

　　bool AddPlane(cPlaneDefine plane); //向活动飞机目标队列添加飞机

　　void EmptyPlaneQueue(); //清除活动飞机目标队列

　　void DeletePlane(int PlaneID); //删除活动飞机目标队列中的 ID 号为 PlaneID 的飞机

　　… …

　　private:

　　void DrawSky(); //渲染天空

　　void DrawTerrain(); //渲染场景

　　bool LoadTerrainData(const char * filename); //调用场景

　　void RenderPlaneQueue();//渲染飞机队列

　　AirCamera Camera; //相机对象

　　AirView ViewScene; //视窗管理对象，负责大小可变渲染窗体透视角度的计算

　　AirMod ModAirport; //机场模型对象

　　AirMod ModSky; //天空模型对象

　　AirMod ModPlane; //活动目标飞机对象

　　AirScene Scene; //场景管理对象

　　cRunwayLights RunwayLight; //跑道灯光对象

　　cAirQuadTree qt; QuadTree；//用于碰撞检测对象

　　AirTimer timer; //渲染时间统计，用于系统调试，查找系统耗时较多的代码，进行系统优化

　　… …

　　};

　　Render 成员函数负责视景的实时渲染，程序流程如图 10-38 所示。

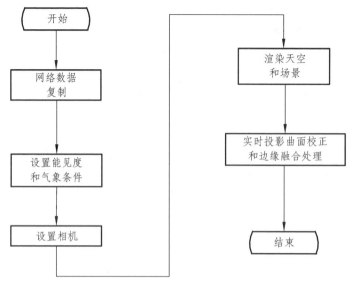

图 10-38　视景工作流程

如图 10-39 和图 10-40 所示为视景输出的机场和摄像截图，可见视景仿真的机场有较高的相似度。

图 10-39　机场实时视景系统显示截图

5. 柱幕投影实时校正功能

小鹰 500 飞行训练器采用 3 通道视景系统，3 台 XGA 分辨率高亮投影机投影在 120°柱幕上，柱幕高 2.5 m（含基座 3 m），柱幕半径 4 m。较大的柱幕能提供较为真实的外部世界模拟效果。小鹰 500 飞行训练器柱幕尺寸大于国内常见飞行训练器柱幕视景系统，投影效果也超过同类型小型飞行训练器。

图 10-40　机场拍摄视频截图

投影机本身是为平面投影设计的，当投影机投影在曲面上时会发生图像畸变。从图 10-41 中可见该网络相互交错，投影光线是直线传播，会与其直接距离最近的点发送碰撞并显示。投影光线与屏幕倾角越大，变形越严重。通常这种校正采用硬件融合机完成。小鹰 500 飞行训练器视景系统开发出软件曲面畸变校正和边缘融合校正模块。采用 OpenGL 内部程序通过实时数学运算，进行图像校正，其效果与硬件融合机接近。如图 10-42 所示为经过校正后的网格，3 台投影机投影网格横竖均匀间隔，并有机结合。如图 10-43 所示未进行边缘融合的视景图像，可见两台投影机投影重合部分，亮度较高，破坏了图像亮度均衡，需进行亮度衰减和图像平滑过渡。如图 10-44 所示为经过曲面校正和边缘融合的视景图像。

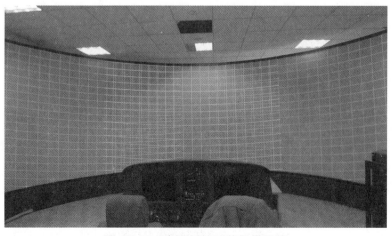

图 10-41　未进行校正前视景网格

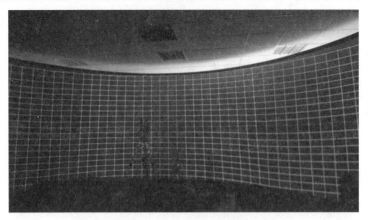

图 10-42　经过校正后的视景网格

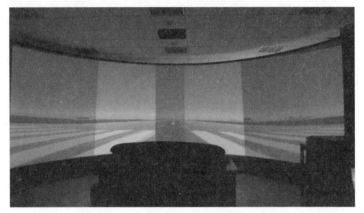

图 10-43　未进行边缘融合的视景图像

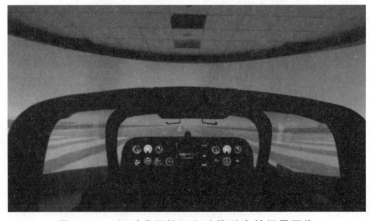

图 10-44　经过曲面校正和边缘融合的视景图像

10.8 音响系统设计

1. 音效模块设计和实现

采用 5.1 声道声卡和多通道放大器模拟小鹰 500 飞机飞行训练器在各种飞行状态下，飞行员在座舱内可以听到的声音，包括发动机各种工作状态噪声、飞行状态变化引起的结构声、气流声、起落架收放声等[5]。此外还应模拟无线电导航系统音响信号的声音效果。

各种模拟声音的频率和声级使飞行员感觉和真实飞机接近。

扬声器布置使飞行员感觉发声部位和方向与真实飞机一样。

当飞机冻结或模拟坠毁时，模拟音响自动消失。

教员台上设置音量开关，可以控制音量，必要时可以关闭音响。

音效模块是提供飞行过程中真实仿真环境的重要部分，为了保证音效效果没有延迟和具有人工智能合成技术，技术上使用 Microsoft DirectMusic／DirectSound SDK 进行编程，为了便于编程和支持多线程，把 DirectMusic 和 DirectSound 的相关 API 函数封装在两个类中，下面是进行音效播放的 C++类的基本定义：

```cpp
#pragma once
#include "DXUtil.h"
#include "DMUtil.h"

#pragma comment( lib, "winmm.lib" )
#pragma comment( lib, "dxerr9.lib" )
#pragma comment( lib, "dxguid.lib" )

class CMyMusic
{
public:
    CMyMusic(void);
    ~CMyMusic(void);
    CMusicManager* m_pMusicManager;
    CMusicSegment* m_pMusicSegment;
    void InitMusic(HWND hWnd,TCHAR* strFileName); // 初始化
    HRESULT LoadSegmentFile( TCHAR* strFileName);// 载入音乐文件
```

```
    void PlayMusic( BOOL bLooped);// 播放，可控制是否循环播放
    void StopMusic();// 停止播放
    BOOL IsPlaying();
    void SetVolume(double Volume);//0~1 1 最大音量
};
/ / / / / / / / / / / / / / / / / / / / / / / / / / / / / / /
#pragma once

#include <mmreg.h>
#include <dxerr9.h>
#include <dsound.h>
#include "DSUtil.h"
#include "DXUtil.h"
const int MAXSOUNDNUM=100;

#pragma comment( lib, "comctl32.lib" )
#pragma comment( lib, "winmm.lib" )
#pragma comment( lib, "dxerr9.lib" )
#pragma comment( lib, "dsound.lib" )
#pragma comment( lib, "dxguid.lib" )
#pragma comment( lib, "odbc32.lib" )
#pragma comment( lib, "odbccp32.lib" )

class CMultiSound
{
public:
    CMultiSound(void);
    ~CMultiSound(void);
    int InitSound(HWND hwnd);
    int OpenWavFile(int ind, CString strWavFilename);
    int Play(int index, bool bRepeat=false, LONG lVolume=0, long lFrequency=-1,
long lPan=0);
    int SetVolume(int index,LONG lVol=0);
```

```
    int SetPan(int index,LONG pan);
    int SetFrequency(int index, long lFrequency);
private:
    CSoundManager* m_pSoundManager;
    CSound* m_pSound[MAXSOUNDNUM];
public:
    long GetFrequency(int index);
    int Stop(int index);
};
```

用上述两个类的实例播放声音文件，可以保证几乎没有延迟，且可实现多通道自动混音。通过 CMultiSound 的 SetFrequency 函数可对声音文件的频率进行快速调整，可模拟发动机对油门的声音响应。利用 SetPan 函数可完成左右声道音量的控制，从而模拟左右发动机声音参数的变化。另外利用简单的 di 和 da 音，结合多线程技术可合成导航台的莫尔斯电码声音。

2. 语音通信模块

1）语音通信基本要求

在基于局域网的飞行仿真软件中使用语音通信，需要仿真飞机 VHF（甚高频）通信。根据飞机 VHF 工作特性，需要满足以下基本要求。

① 飞行员和管制员以及教员通过调节驾驶舱或其他相关模拟设备中的无线电 VHF 通信频率来完成相互之间的通话。

② 通话只能在调节了相同的无线电通信频率且模拟的空中距离满足要求的飞机和飞机之间、飞机和地面管制员之间、管制员和管制员之间进行。

③ 一人说话，在满足模拟的空中距离要求的情况下，所有调节了相同 VHF 通信频率的飞机或管制席位都能听到。

④ 同一时刻，只能有一个席位可以发话，即采用半双工的工作模式。

⑤ 一架飞机可同时调节两到三个通信频率，飞行员在同一时刻可以选择其中一个频道发话。在三个频道上的收听是自动的，也可能是同时的。

⑥ 飞机在不同飞行区域，所调节的频率是不同的。

⑦ 可以根据需要调节话筒的音量和单独调节每一个通道的收听音量。

⑧ 对计算机声卡没有特殊要求。

3. 语音通信功能设计

要满足语音通信要求，需要完成语音录制、语音发送、语音接收和播放几个基本的功能模块[6]。

在 Windows 工作环境下，声音录制和回放可以采用三种模式：

① 通过高级音频函数、媒体控制接口 MCI[1、2]设备驱动程序；

② 低级音频函数 MIDI Mapper、低级音频设备驱动（WaveX API）；

③ 利用 DirectX 中的 DirectSound。

使用 MCI 的方法极其简便，灵活性较差；使用低级音频函数的方法相对来说难一点，但是能够对音频数据进行灵活的操控；而采用 DirectSound 的方法，控制声音数据灵活，效果比前二者都好，但实现起来是三者中最难的。根据 Microsoft DirectX 9.0 SDK 使用文档说明，采用 DirectSound 进行录音和放音，其在性能上与采用多媒体音频函数 WaveX 相比没有显著的优势。因此这里利用 WaveX 低级音频函数来实现语音录制和语音回放。

为了实现程序的通用性、可移植性，将声音录制、声音回放、网络数据传输封装在 CSoundIn、CPlayVoice 和 CMultiSocket 三个 C++类中。通过主框架程序对其进行调度和调用。

4. 语音通信功能模块实现

录音模块封装在 CSoundIn 类中，CSoundIn 类是这样定义的：

```
class CSoundIn
{
public:
        CSoundIn();
        virtual ~CSoundIn();
        void Init();//初始化录音系统
        void Record();//开始录音
        void StopRecord();//停止录音
        void FreeRecordBuffer(LPARAM lp,WPARAM wp);//准备录音缓冲区
        void WriteBufferFull(LPARAM lp,WPARAM wp);//收到 windows 的
WM_WIM_DATA 录音缓冲满消息后，将录音数据拷贝到
DataSendTo.m_cBufferIn，然后用 m_Socket[i].Send 发送出去。
        void ReSet();//重置录音系统
        public:
        static bool   CALLBACK EnumInputLineProc( UINT uLineIndex,
MIXERLINE* pLineInfo, DWORD dwUserValue );//控制话筒录音音量
        int si_suo;//录音标志
```

```
WAVEFORMATEX          m_soundFormat;//音频属性
HWAVEIN               m_hWaveIn;//录音设备句柄
WAVEHDR               m_pWaveHdrIn[IN_BUF_NUM];//录 音 数
据头结构
        CHAR m_buffer[IN_BUFFER_NUM][MAX_BUFFER_SIZE];//录音数
据缓冲区
    };
```

如图 10-45 所示为录音程序的工作流程。

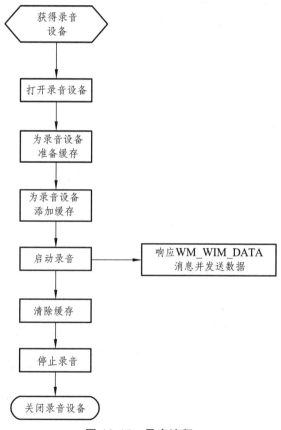

图 10-45 录音流程

10.9 教员控制台设计

1. 多功能教员台的需求分析

多功能教员台就是系统管理位，该部分具有对飞行位和飞行指挥位进行管理的功能。完成对飞行位的飞行条件设置、位置设置、飞行过程动态显示等。

多功能教员台需要达到的基本功能：

① 显示选定区域内的导航台、飞机及其水平轨迹和垂直轨迹等，选定区域的大小和范围可根据训练的需要任意自由调节，多功能教员台还能提供基本的导航信息；

② 选择区域内的任一架飞机，可以对其设置飞行参数、故障等；

③ 生成选定区域内地域连续的时变天气参数；

④ 对飞行位和管制员位提供天气查询功能；

⑤ 完成与飞行位、管制员位的语音通信。

2. 多功能教员台功能实现

多功能教员台是在 VC 开发环境下基于 GDI+图形技术开发完成的，利用 GDI+的反锯齿等先进技术，可保证多功能教员台系统图形精美，且运算量小。多功能教员台包含导航数据库、飞行轨迹显示、天气生成、故障设置、飞行目标管理等。

3. 导航数据库

为了能够在全球范围内实施导航和相关参数显示，需要建立导航数据库，这里使用 Microsoft Access 建立导航数据库。为了便于访问和编程实现，导航台数据按类型进行分类储存。如图 10-46 所示为教员控制台导航数据库编辑界面。

在多功能教员台系统中，数据库的操作往往是隐式的，实时飞行仿真系统的工作是在一个精确的定时器控制下完成的，也就是说在一个时间段里面要完成所有的操作。在多功能教员台系统中往往需要查询在某个给定范围内的所有导航台并将检索到的导航台显示出来。而数据库检索有时候是比较费时间的，因此设计一个独立的工作线程来完成数据库检索。

名 称	频 率	识别代码	纬 度	经 度	信 道
宜君	113.50	YIJ	N35°22′54″	E109°06′30″	77
商县	112.50	SHX	N33°52′30″	E109°56′06″	72
宁陕	116.30	NSH	N33°19′12″	E108°18′48″	110
西安	115.30	SIA	N34°26′54″	E108°45′06″	100
太原	113.10	TYN	N37°45′00″	E112°37′06″	78
新郑	114.50	CGO	N34°31′00″	E113°50′30″	92
临汝	116.40	LRU	N34°09′00″	E112°50′36″	111
周口	115.50	ZHO	N33°39′36″	E114°38′24″	102
南充	117.40	GAO	N30°48′28″	E106°11′06″	
花垣	112.00	HYN	N28°34′42″	E109°27′06″	57
醴陵	112.40	LIG	N27°37′42″	E113°31′42″	71
魏县	115.70	WXI	N36°21′48″	E114°55′00″	104
济南	113.70	TNA	N36°51′42″	E117°12′54″	84
薛家岛	116.20	XJD	N35°57′06″	E120°13′30″	109
邳县	116.50	PSN	N34°18′48″	E117°58′42″	112
烟台	113.50	YNT	N37°23′06″	E121°21′18″	82
大连	112.30	DLC	N38°57′48″	E121°31′30″	70
大王庄	112.70	VYK	N39°11′00″	E116°35′00″	74

- VOR
- ILS
- NDB和报告点
- 机场跑道
- 指点标

[添 加] [修 改] [删 除]

[排 序] [查找/过滤] [退 出]

图 10-46 导航数据编辑界面

4. 飞行轨迹显示

飞行轨迹显示包含飞机实时飞行数据接收、坐标变换、后台绘制图形、前台显示这几个过程。飞行数据由飞行仿真器向特定端口广播，多功能教员台端由一个 Socket 在指定端口进行监听和接收。

多功能教员台飞行轨迹和导航台显示在 VC 开发环境下基于 GDI+图形技术开发完成，GDI+是基于.NET Framework 的一项绘图技术，即增强型图形用户接口。利用.NET Framework 提供的 GraphicsDevice Interface 类，将大大提高图形编码上的效率。利用 GDI+的反锯齿等先进技术，可保证多功能教员台系统图形精美，且运算量小。

由于飞机位置信息和导航台位置信息是基于经纬度的，而要在计算机屏幕上图形化显示处理，需要进行坐标变换等工作。下面介绍飞行轨迹显示基本流程。

首先选择基准位置，即选择显示范围的中心的地理位置在哪里，这个中心可以根据训练的需要由管理员自由确定。比如选某机场作为显示中心，那么在进入系统后会自动将该机场作为显示的中心。

在选择了显示中心后，需要确定水平和垂直方向上的坐标映射因子。在球形大地假设的情况下，不同纬度地区，每1°纬度的变化所代表的距离是不一样的。比如在赤道附近，纬度变化1°大约为111 km，而在纬度为±30°位置附近，纬度变化1°大约为96 km。为了在屏幕上看到的图形不失真，需要根据屏幕范围确定本屏显示的经纬度范围。

在选定屏幕中心参考坐标点后，接下来的工作就是在数据库中检索屏幕显示范围内的导航台信息，检索导航信息可能会用去较多的时间，因此可将该过程放在一个单独的工作线程中进行。

导航数据和飞机位置信息往往是用经纬度的形式表述的，要将这些位置信息在屏幕上显示出来，需要进行一系列坐标变换。如图10-47所示地图页面中显示有飞机本机和区域内仿真飞机的飞行轨迹。

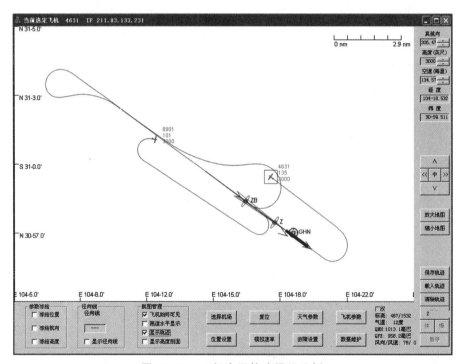

图 10-47　飞行水平轨迹显示示例

5. 飞机管理系统

在一体化飞行仿真环境中，有作为飞行员参与飞行的，有作为管制员参与管制的，有作为教员设计课程的，这些工作都需要通过多功能教员台进行管理。教员可以通过多功能教员台管理和控制网络中所有飞机和管制席位，包括管理多架飞机的飞行轨迹、天气参数、故障设置、位置设置、轨迹复现等。

　　如图 10-48 所示可对选定的飞机，根据其当前机场设置飞机的位置，冻结飞机位置、高度和航向等，选定飞机也可通过拖拽的方式放在任意需要的位置。如图 10-49 所示可对选定飞机进行故障管理和设置。如图 10-50 所示可对选定飞机进行参数设置。

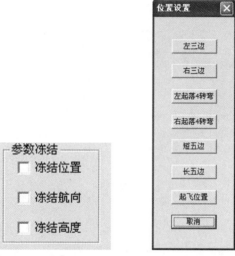

图 10-48　对选定飞机进行参数冻结和位置设置界面

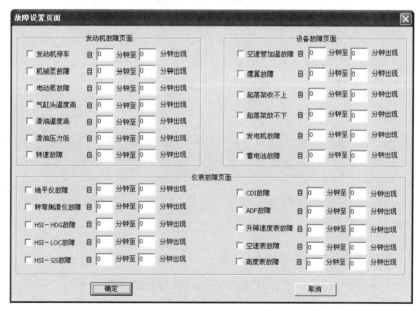

图 10-49　对选定飞机进行故障设置界面

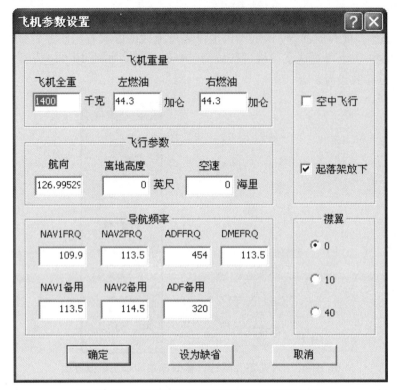

图 10-50　对选定飞机进行飞行参数设置界面

10.10　品质评估

1. 概　述

飞行训练器研制完成后必须按照 CCAR-60 部标准通过民航局飞行训练器等级鉴定才能投入飞行训练中。以下就飞行训练器主要指标与 CCAR-60 部的指标进行对比。

飞行训练器鉴定性能标准包括 3 个部分：飞机飞行训练器的一般要求、飞机飞行训练器客观测试、飞机飞行训练器主观测试。

2. 飞机飞行训练器的一般要求

飞机飞行训练器的一般要求主要是针对训练器的描述性指标，没有具体的性能指标要求，通过自检认为满足要求。飞机飞行训练器的一般要求从以下 7 个方面进行描述。

（1）驾驶舱一般构型。

① 训练器应具有模拟的组类飞机驾驶舱的全尺寸复制，仪表等与组类飞机布局一致（5 级对此无特殊要求）。

② 训练器的设备（仪表、面板、系统和操纵装置）要充分地模拟飞机的设备布局和功能以完成批准的训练和检查。

③ 影响操作程序和故障中需要使用到的跳开关，其功能应当正确。

（2）训练器编程。

① 训练器应能充分地表现飞机姿态、推力、阻力、高度、温度及构型等变化对空气动力的影响。

② 训练器具有足够的计算机能力（计算速度、精度、分辨率、动态响应）。

③ 应在飞机改进或相应数据发布的 6 个月内对训练器的硬件和软件进行更新。

④ 驾驶舱仪表应密切耦合以提供综合的感觉提示。需要记录各种数据与飞机响应数据进行对比（见客观测试部分）。

（3）设备操作。

① 相关仪表应自动地对操纵和飞机受到的扰动做出响应。

② 导航设备与所模拟的飞机上的一致（包括机载设备规定的误差范围）。

③ 训练器模拟的飞机系统应能够完成地面和空中的正常、非正常和应急程序的模拟。

④ 应具有足够的环境灯光用于仪表和面板的操作。

⑤ 训练器应具有足够精确度的操纵力和操纵行程以便能够人工实施仪表进近，在相同条件下，操纵力应与飞机上的反作用方式相同（见客观测试部分，更高级别的训练器要求操纵力和行程与飞机一致，5 级不要求）。

（4）教员或检查人员使用的设备。

① 除了飞机机组的位置外，需要为教员或检查员安排合适的位置，在该位置能观察到飞行机组的面板。

② 训练器应具有教员控制机构，通过该机构可以按需设置正常、非正常和应急情况。

（5）运动系统（如适用）。

小鹰 500 飞行训练器未配备运动系统。

（6）视景系统（如适用）。

训练器可以安装视景，但不做要求，如果安装了视景系统，则应满足以下要求：

①可以是单通道非准直显示；

② 在飞驾驶员最小视场角为垂直 18°和水平 24°；

③ 每个驾驶员视差误差不超过 10°；

④ 景色内容不能混叠；

⑤ 从驾驶员眼点到显示面的距离不能小于到前仪表板的距离；

⑥ 计算和显示像素尺寸的最小分辨率为 4.77°；

⑦ 最大时延不得超过 300 ms。

（7）声音系统。

训练器模拟的由驾驶员操纵所导致的重要驾驶舱声响应与相同情况下在飞机上听到的一致。

以上是飞行训练器的一般要求，飞行训练器自测基本能够通过该项标准测试。

3. 飞机飞行训练器客观测试标准

飞行训练器客观测试标准是飞行训练器等级认证的重要指标，它主要用于测试飞行训练器与所模拟飞机对应的性能和操纵品质符合度，客观测试标准包括飞机性能测试、飞机操纵品质测试、驾驶舱仪表响应三部分。客观测试使用飞行训练器在相同条件下的飞行数据与试飞数据或通过其他方式收集验证数据进行对比，可采用人工测试飞行和自动测试飞行的方式完成。

2 级、3 级和 5 级训练器是用来模拟一组具有相似性能飞机的，这些飞机具有相似的操纵特性，并具有同样数量和型号的动力装置。根据 CCAR-60 规定，飞行训练器替代数据反映了一定组类飞机的典型性能范围，可以在不要求获得试飞数据或通过其他方式收集验证数据的情况下使用。

由于没有从飞机生产厂家取得相应的试飞数据和其他的验证数据，飞机飞行数据包也是通过空气动力学知识和飞行力学知识估算得来，所以这里只能使用替代数据进行对比。由于客观测试需要购置一些专用设备，所以这里罗列出部分数据进行比对。如表 10-8 所示为小鹰 500 飞行训练器客观测试部分数据，其中数据范围使用 CCAR-60 规定的替代性能数据范围。

表 10-8 小鹰 500 飞行训练器客观测试部分数据对比表（替代数据）

测试条目	批准的性能范围	实测值
1. 性能		
a. 起飞		
（1）地面加速时间，从松刹车至达到离地速度	20～30 s	22.5 s
b. 爬升		
（1）正常爬升，在额定全重和最佳爬升率速度条件下	爬升率=2.5～6 m/s	5 m/s
c. 地面减速		
（1）减速时间，从 13 m/s 减速至全停，在额定全重和干跑道上使用刹车的条件下	5～15 s	12 s
d. 发动机		
（1）加速，从慢车到起飞功率	2～4 s	3 s
（2）减速，从起飞功率到慢车	2～4 s	3 s
2. 操纵品质		
a. 静态操纵检查		
（1）（a）驾驶杆位置与力的关系	曲线	未测
（2）（b）驾驶盘位置与力的关系	曲线	未测
（3）（c）方向舵脚蹬位置与力的关系	曲线	未测
（4）前轮转弯操纵力	曲线	未测
（5）方向舵脚蹬转弯操纵的校准，在整个脚蹬行程范围内	10°～30°的前轮偏转角，在中立位置的两侧	18.5
（8）刹车踏板位置与踏板力的关系，达到最大踏板偏转量	133～445 N 踏板力	未测
b. 纵向		
（1）功率变化时的驾驶杆力。 （a）使用必需功率，经配平后以正常巡航速度 80%的空速进行平直飞行。将功率减小到空中慢车状态，不改变配平或构型。稳定之后记录保持原始空速所需的驾驶杆力。	（a）22.2～66.7 N 驾驶杆力（拉）；	未测
（b）使用必需功率，经配平后以正常巡航速度 80%的空速进行平直飞行。将功率增大到最大功率状态，不改变配平或构型。稳定之后记录保持原始空速所需的驾驶杆力	（b）22.2～66.7 N 驾驶杆力（推）	未测

测试条目	批准的性能范围	实测值
（2）襟翼/缝翼变化时的驾驶杆力。 （a）襟翼完全收上，经配平后以襟翼放出空速范围内的一恒定空速进行平直飞行。不调整配平或功率，将襟翼放出到其全行程的 50%。稳定之后记录保持原始空速所需的驾驶杆力。	（a）22.2～66.7 N 驾驶杆力（拉）；	未测
（b）襟翼放出到其全行程的 50%，经配平后以襟翼放出空速范围内的一恒定空速进行平直飞行。不调整配平或功率，将襟翼完全收上，稳定之后记录保持原始空速所需的驾驶杆力	（b）22.2～66.7 N 驾驶杆力（推）	未测
（3）起落架变化时的驾驶杆力。 （a）起落架在收上位，经配平后以起落架放出空速范围内的一恒定空速进行平直飞行。不调整配平或功率，放出起落架。稳定之后记录保持原始空速所需的驾驶杆力。	（a）8.9～53.4 N 驾驶杆力（拉）；	未测
（b）起落架在放下位，经配平后以起落架收上空速范围内的一恒定空速进行平直飞行。不调整配平或功率，收上起落架。稳定之后记录保持原始空速的所需的驾驶杆力	（b）8.9～53.4 N 驾驶杆力（推）	未测
（4）起落架和襟翼操作时间。 （a）起落架放出； （b）起落架收上； （c）襟翼放出，0～50%行程； （d）襟翼收上，50%行程到零	（a）2～12 s； （b）2～12 s； （c）3～13 s； （d）3～13 s	（a）8 s； （b）8 s； （c）3 s； （d）3 s
（5）纵向配平	应当有能力分别在巡航、进近和着陆构型状态下将纵向驾驶杆力配平为"零"	各种状态均能配平
（7）纵向静稳定性	应当展示正的静稳定性	稳定
（8）失速警告（失速警告设备的作动），在额定全重、保持机翼水平的情况下，并且减速率大约为 0.51 m/s²。 （a）着陆构型； （b）光洁构型	（a）20～30 m/s，坡度在±5°范围内； （b）1.1～1.2 倍的着陆构型速度	30 m/s 35 m/s
（9）（b）长周期动态特性	应当有 30～60 s 的长周期运动。 在不足 2 个周期时可以不达到 1/2 或 2 倍振幅	105 s 1.33

测试条目	批准的性能范围	实测值
c. 横航向		
（1）滚转响应。滚转速率应当通过至少 30°的滚转来测量，副翼操纵应当偏转到最大行程的 50%	应当有 6°～40°/s 的滚转速率	8.5°/s
（2）驾驶舱滚转操纵阶跃输入的滚转响应。在额定全重下，经配平后以进近空速进行平直飞行。滚转到 30°坡度转弯并稳定。准备好时，向转弯相反方向输入全行程 50%的副翼操纵。当达到 0°坡度时，快速使副翼操纵装置回中立位并松开。记录从与转弯方向相反的操纵输入开始之前至少 2 s 直到操纵装置回中立位之后至少 20 s 的响应	滚转速率应当在松开操纵装置的 1～3 s 内，减小到刚刚达到的最大滚转速率的 10%以内	未测
（3）（a）和（b）螺旋稳定性。在巡航构型和正常巡航速度下，建立 20°～30°坡度。稳定后使副翼操纵装置回中立位并松开。应当完成两个方向的转弯	20 s 之后，坡度角与初始坡度角的差异不超过±5°	±2.5
（4）（b）方向舵响应。使用 50%的最大方向舵偏转量。适用于进近或着陆构型	偏航速率为 6°～12°/s	8.5°/s
（5）（b）荷兰滚（偏航阻尼断开）。适用于巡航和进近构型	周期为 2～5 s，1/2～2 个周期	2.6 s
（6）稳定侧滑。使用 50%的最大方向舵偏转量。适用于进近和着陆构型	坡度为 2°～10°，侧滑角为 4°～10°，副翼为 2°～10°	未测
3. 驾驶舱仪表的响应		
仪表系统对驾驶员快速有力输入的响应。在每个轴上都需要测试（俯仰、滚转和偏航）	≤300 ms。	<150 ms

　　根据以上部分客观测试对比数据，除了因为没有相关设备未测的数据之外，其他大部分已测数据基本都在替代数据规定的范围之内。

4. 飞机飞行训练器主观测试

　　飞机飞行训练器鉴定还需要进行主观测试，用于评估训练器在典型应用期间的表现能力，确定训练器能够满足相应的训练、考试和检查的要求，能够成功地模拟每一个要求的机动飞行、程序或科目，以及验证训练器操纵装置、仪表和各系统能够正确运转。

　　飞机飞行训练器主观测试包括以下阶段的各种科目测试：

① 飞行前准备；

② 地面操作（起飞前）；

③ 起飞；

④ 飞行中操作；

⑤ 进近；

⑥ 中断进近；

⑦ 任何飞行阶段；

⑧ 发动机关车及停机。

同时还包括以下几个方面功能的主观测试：

① 教员控制台；

② 声音控制；

③ 操纵载荷系统（如适用）；

④ 观察员座位。

参考文献

[1] AIRCRAFT SPRUCE & SPECIALTY CO. KMA 24 and KMA 24H Bendix/King Audio Control Systems Specifications[S/OL]. http://www. aircraftspruce.com/catalog/kma24.pdf.

[2] RAAC. KX 155 and KX 165 bendix/king NAV/COM systems PILOT'S GUIDE [S/OL]. AlliedSignal Inc.2005. http://heilmannpub. com/ KX155. pdf.

[3] 肖志坚. 波音 737-NG 模拟机双指针指示器设计[J]. 自动化仪表，2012，33(12):74-76.

[4] 苏彬，陈又军，刘渡辉，王大海. 飞行模拟中的飞行动力学仿真平台研究[J]. 中国民航飞行学院学报，2006(6):12-16.

[5] 陈又军. 基于 OpenGL 的飞机安全警告系统仿真实现[D]. 成都：电子科技大学，2009.

[6] 曹辉. 基于局域网的音频实时记录和监听系统的设计与实现[D]. 石家庄：河北科技大学，2009.